生态文明下
"绿中村"改造和
发展研究

武汉市规划设计有限公司 ｜ 著
黄宁　王琪　王存颂　梅磊　王德福 等

中国建筑工业出版社

图书在版编目（CIP）数据

生态文明下"绿中村"改造和发展研究/武汉市规划设计有限公司，黄宁等著. —北京：中国建筑工业出版社，2021.12
ISBN 978-7-112-26844-3

Ⅰ.①生… Ⅱ.①武… ②黄… Ⅲ.①居住区—旧房改造—城市规划—研究—武汉 Ⅳ.①TU984.12

中国版本图书馆CIP数据核字（2021）第243795号

责任编辑：刘　丹
书籍设计：锋尚设计
责任校对：张惠雯

生态文明下"绿中村"改造和发展研究
武 汉 市 规 划 设 计 有 限 公 司
黄宁　王琪　王存颂　梅磊　王德福　等　　著

*
中国建筑工业出版社出版、发行（北京海淀三里河路9号）
各地新华书店、建筑书店经销
北京锋尚制版有限公司制版
北京富诚彩色印刷有限公司印刷
*
开本：787毫米×1092毫米　1/16　印张：10¾　字数：180千字
2021年12月第一版　2021年12月第一次印刷
定价：**138.00**元
ISBN 978-7-112-26844-3
（38704）

前　言

　　当前，我国已进入工业化中后期发展阶段，国家提出大力推进生态文明建设和高质量发展，深入推进新型城镇化。21 世纪初的十余年，是我国城镇化快速发展时期，全国各地大规模地开展了城中村改造工作，推动了城市空间及其经济的高速发展，为城市释放了大量的土地资源，对城市经济发展以及城市公共和基础设施完善作出了贡献。目前，伴随着城市核心区的城中村改造进入收尾阶段，各大城市中心城区逐渐发展成熟，大规模建设将逐步减少。至此，城市发展模式由增量发展转为存量发展。为了提高国土空间的保护和开发利用水平，控制城市边界蔓延，加强生态环境保护，各城市在国土空间规划体系下纷纷划定了生态控制区。环城绿带、绿廊或风景区等城市生态控制区内还残存着剩余的城中村。这些城中村在武汉等城市称为"绿中村"。与一般城中村不同，绿中村所面临的问题是多方面的：在空间层面，在生态底线管控下难以像城市建设核心区那样大拆大建，改造的停滞造成城市生态功能难以落实；在社会经济层面，乡村受城市生活的渗透冲击，生产、文化、治理上出现混乱和空白，发展矛盾日益凸显。目前，绿中村缺乏具有可操作性的改造发展路径，其改造已成为城市落实生态功能和提质发展面临的难题。

　　20 世纪 90 年代以来，自珠三角地区城中村改造起，国内学界已对城中村进行了 30 余年的学术研究。我国现有的城中村研究成果，主要涉及城中村形成机制、经济产业发展调研、建筑风貌和规模等物质空间研究，以及政府、村民、开发商等多方主体的利益博弈研究，并形成了以地产开发建设来实现城中村改造经济平衡的传统改造模式。目前的研究成果对城中村改造过程中社会综合效益、生态价值、城市功能协调等方面的问题与诉求涉及较少。

作为城中村的一种特殊存在，绿中村一方面具有生态环境优势和城区边缘区位特殊性，另一方面也有社会、经济、文化等多层面的发展问题。其改造不仅需要考虑经济利益平衡，还要兼顾社会效益、生态价值、城市发展等方面。同时，在国家建设生态文明的背景下，自下而上，城市需要精致发展，乡村需要振兴，需要解决农村民生问题和城市日益增长的品质生活追求；自上而下，经济需要寻找转型突破口，挖掘经济新引擎。绿中村如何在其中发挥积极作用是我们需要深思的问题。为此，在当前新时期新发展的要求下，重新审视绿中村在城市中的角色定位，研究适宜生态发展要求的绿中村改造导向和可持续发展路径，将绿中村由城市问题转变为城市助力，对推动生态文明建设和城市国土空间高质量发展具有一定的积极意义。

本书从城市与绿中村的共生融合视角入手，通过绿中村在空间、社会、经济等方面的全生命周期发展研究，进行了绿中村改造发展道路的探索：首先，回顾了城中村（绿中村）在城市中的演变和动力内因，介绍了绿中村在城市中的分布情况和特征属性，对绿中村的内涵进行了界定；其次，通过大量的社会田野调查，对绿中村在城市中的经济、社会、空间角色进行了研究，分析了绿中村与城市的互动联系和自身的发展困难；再次，回顾十余年来城中村改造的经验和教训，在改造模式、效益目标、政策导向、经济形势、资源价值、规划理念等方面进行了思考和探讨，对新发展形势下的城村互动关系进行了梳理；最后，在以上基础调查分析和思考研究的基础上，推导出绿中村的发展道路以及如何选择改造模式，同时在国土空间体系下开展了绿中村改造与规划管控利用的对接，并提出了绿中村全方位的振兴发展策略，以期实现绿中村改造发展的综合效益最大化，推动城村良性共生互动融合，为我国其他绿中村改造工作提供参考。

本书由武汉市规划设计有限公司研究团队和武汉大学社会学院（中国乡村治理研究中心）王德福副教授共同撰写。武汉市规划设计有限公司研究团队由黄宁（董事长）、王琪、王存颂、梅磊、黄旭五人组成。其中，王琪负责统筹全书大纲、内容和研究进度，各章的撰写按照分工协作的原则，武汉市规划设计有限公司研究团队负责撰写第一章、第三章、第四章、第五章以及第二章第三节、第四节，武汉市规划设计有限公司研究团队与王德福副教授共同撰写第二章第一节、第二节。

目　录

第三章
绿中村的未来发展价值导向思考

第二章

绿中村的
总体认知

第一节
城中村（绿中村）的概念

一、城中村的概念

在我国城镇化高速发展过程中，城市向郊区扩张，邻近农村被城市空间包围，形成了城市中的农村，在国内简称为"城中村"（表1-1）。城中村处于城市开发边界乃至建成区内，与周边的城市社区相比，其土地属于集体用地，而非国有用地，其代表主体为村委会，而非城市社区居委会。城中村具有明显的城乡二元特性。

我国部分城市城中村情况　　　　表1-1

城市	城市建成区面积	城中村数目	城中村占地面积	城中村密度	城中村用地占城市建成区用地比例	建设强度		人均占地面积		实际居住密度
						建筑层数	容积率	只计算村民	计入外来人口	
	km²	个	km²	个/km²	%	层	—	m²/人	m²/人	人/hm²
广州	345	138	88.6	0.40	25.7	6~7	—	139	41.8	239
深圳	344	293	30	0.85	8.7	6~8	3~7	124.7	20.4	490
武汉	216	162	48	0.75	22.2	—		280.7	134.6	74
西安	187	187	19.5	1.00	10.4	3~7	3.0	121.8	—	—
合肥	148	75	31.9	0.51	21.5	2~3	1.5~1.8	215	120	83
泰安	93.4	125	17.3	1.34	18.5	1~2	0.6~0.8	179.7	120	83

资料来源：左为，吴晓，汤林浩. 博弈与方向：面向城中村改造的规划决策刍议——以经济平衡为核心驱动的理论梳理与实践操作［J］. 城市规划，2015，39（8）：29-38.

学术界从不同的角度对城中村的类型进行了研究划分，主要包括规划和社会学角度。基于城中村的空间区位，将城中村划分为：靠近城市中心，被城市用地包围的城心村；位于建成区边缘，与城市空间交叉融合的城边村；位于远郊地区，远离城市空间的城郊村①。基于城中村发展阶段，将城中村划分为农村居住聚落阶段的村庄、城乡接触阶段的城中村、城乡冲突阶段的城中村、逐步瓦解阶段的城中村。基于土地利用类型的不同，将城中村划分为几乎无农用地的城中村、农用地和建设用地比例大致相当的城中村、尚余较多农用地的城中村②。从社会学角度出发，将城中村划分为本地村民的传统农业社会、城市中当地原村民社会、外来务工者暂住型移民社会三类。

二、绿中村的概念

绿中村是城中村的一种特殊存在形式，其定义为位于生态控制区范围内的城中村。国内外大城市在城市化快速推进时期，普遍面临着城市建设区域无序蔓延带来的生态空间和农业空间被挤压等一系列问题。为实现全面系统地保护生态、景观、农业资源，维护城市健康发展，优化土地空间结构等一系列目标，应对城镇空间以"摊大饼"模式无序蔓延的情况，各城市的普遍做法是在城市开发建设边缘地区，以各种形式设置生态控制区，如英国的"绿带"政策、美国的"城市增长边界"、德国柏林的"区域公园"以及我国的生态带或基本生态控制线③。自2005年深圳率先在我国推行基本生态控制线实践之后，广州、武汉、珠海、沈阳、厦门等城市先后划定了基本生态控制线，并配以相应的政策或法规来落实推行（表1-2）。

在此背景下，绿中村这种特殊的城中村由此产生，并具有"绿"和"村"的双重属性，一般具有以下三个方面的特点。

从土地利用类型来看，一般城中村的土地规划用途包括大量的可经营性用地，而绿中村的土地大部分位于城市的生态控制区内，属于后期不得进行大规模开发的用地类型。

---

① 李培林. 巨变：村落的终结——都市里的村庄研究［J］. 中国社会科学，2002（1）：168-179.
② 李俊夫. 城中村的改造［M］. 北京：科学出版社，2004.
③ 李纯. 武汉都市发展区基本生态控制线规划实施评估研究［D］. 武汉：华中科技大学，2019.

国内基本生态控制线实践案例总结[①]　　　　表1-2

城市	颁布时间	规模	配套政策
深圳	2005年	市域内，面积974km²，占市域总面积的50%	《深圳市基本生态控制线管理规定》
广州	2007年	市域内，面积5140km²，占市域总面积的69%	《广州市都会区生态廊道控规整合技术指引》
武汉	2012年	都市发展区内，面积1814km²，占都市发展区总面积的60%	《武汉市基本生态控制线管理条例》
珠海	2016年	市域内，面积1013km²，占市域总面积的56%	《珠海市生态控制线管理规定》
沈阳	2016年	规划区内，面积2238km²，占规划区总面积的64.5%	《沈阳市生态保护红线管理规定》
厦门	2016年	市域内，面积891km²，占市域总面积的52%	《厦门市生态控制线管理实施规定》
北京	2018年	市域内，面积4290km²，占市域总面积的26.1%	《北京市生态控制线和城市开发边界管理办法》

从空间角度来看，绿中村普遍处于中心城区边缘区域，其在空间区位上与城边村相近[②]，属于特殊的城边村。

从发展时序来看，绿中村与其他城中村在历史上都是村民聚居生活点，形成村落的时间基本一致。但由于政府计划改造时序的安排，绿中村被纳入城中村改造的时间滞后于其他城中村。

---

① 罗巧灵，张明，詹庆明. 城市基本生态控制区的内涵、研究进展及展望[J]. 中国园林，2016，32（11）：76-81.
② 孙瑶，马航. 我国城市边缘村落研究综述[J]. 城市规划，2017，41（1）：95-103.

第二节
城中村（绿中村）在城市中的演变

城中村（绿中村）的形成、演变和城镇化进程是密不可分的。城市快速扩张发展导致了城中村（绿中村）在城市中快速演变，演变的阶段、特征和动力机制与城市发展具有高度一致性。

一、城中村在城市中的演变阶段划分——以武汉市为例

1949年以来我国经历了世界历史上规模最大、速度最快的城镇化进程。我国常住人口城镇化率从1949年的10.64%快速增长到2019年的60.60%，提高了49.96个百分点，平均每年增长0.71个百分点。美国学者诺瑟姆用S形曲线描述城镇化变化过程（表1-3），概括为三个阶段，即起步阶段、加速阶段、稳定阶段[1]。

城镇化各阶段特征　　　　　　　　　　表1-3

城镇化阶段	起步阶段	加速阶段	稳定阶段
城镇化水平	城镇化水平低，发展缓慢	城镇化水平超过30%，城镇化速度加快	城镇化速度放缓
经济结构	农业社会，第一产业为主	工业化社会，第二产业为主导，第三产业比重逐步上升	后工业化社会，第三产业占主导地位
空间形态	以农业聚落为主	城市数量迅速增加，城市地域空间拓展	城乡区域一体化，并出现逆城镇化和中心城市郊区化

① 吴志强，李德华. 城市规划原理 [M]. 北京：中国建筑工业出版社，2010.

现有的学界研究结合我国城镇化水平、社会经济发展状况、重大历史事件等具体情况认为，以改革开放和新型城镇化的提出为两个重要转折点，我国的城镇化历程可分为三个阶段，即探索发展阶段（1949~1978年）、快速发展阶段（1979~2011年）、提质发展阶段（2012年至今）[①]。

我国城中村发展基本是由城镇化所推动，两者是密切相关的，在发展阶段及演变过程上也是基本对应的。综合城中村自身发展特征、社会经济发展状况及国家政策等综合因素，城中村的演变可分为四个阶段，在不同的阶段，城中村的主流代表类型也有所不同。

1. 纯粹的农村聚落阶段（1949~1978年的城郊村）——城镇化探索发展阶段

这一阶段，我国的城镇化特征是波动上升。从新中国成立初期的三年恢复、"一五"时期平稳发展到大起大落的"大跃进"与调整时期以及十年内乱、三线建设的徘徊发展等阶段，只有东部沿海大城市和内地个别经济中心有一定发展。改革开放前中国的城镇化进程始终处于迂回曲折前进的状态，乡村仍处于纯粹的农村聚落阶段，城镇规模较小，两者的空间界限清晰，无交叉接触。基本没有城中村，国土空间以农业空间为主。

武汉市就是典型的工业化大发展时期的代表城市（图1-1、图1-2）。这一时期武汉市的建设用地集中分布在长江、汉江两岸的城区范围内，还未向外扩张，大部分农村地区在城区范围之外，两者在空间上的交集较少。

2. 城中村形成阶段（1979~1993年的城边村）——城镇化快速发展阶段

从十一届三中全会召开，到作出了实行改革开放的重大决策，再到邓小平南方谈话，乡镇企业的发展和城市化快速发展使得各城镇的建设区域向外蔓延扩张，城中村开始形成。

这一阶段武汉市的建设用地开始沿长江、汉江两岸呈指状向四周渗

① 城镇化水平不断提升城市发展阔步前进——新中国成立70周年经济社会发展成就系列报告之十七［EB/OL］. 2019-08-15. http://www.stats.gov.cn/tjsj/zxfb/201908/t20190815_1691416.html.

图1-1 武汉市1966年城市建设现状图

图片来源：武汉历史地图集编纂委员会. 武汉市历史地图集［M］. 北京：中国地图出版社，1998.

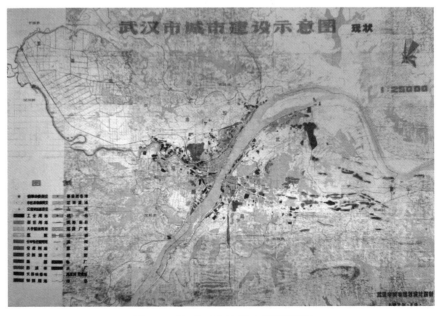

图1-2 武汉市1973年城市建设现状图

图片来源：武汉历史地图集编纂委员会. 武汉市历史地图集［M］. 北京：中国地图出版社，1998.

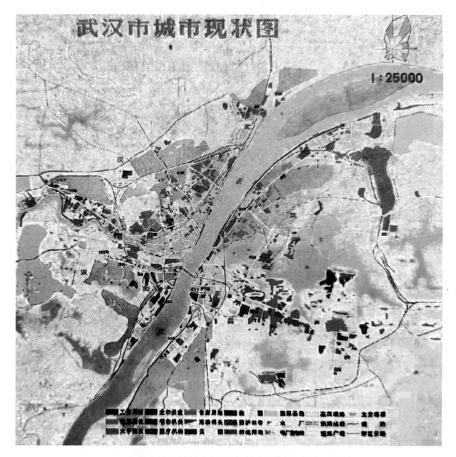

图1-3　武汉市1985年城市建设现状图
图片来源：武汉历史地图集编纂委员会. 武汉市历史地图集［M］. 北京：中国地图出版社，1998.

透，在东西湖、光谷、江夏等地区开始产生城市建设"飞地"，城市和农村在空间上开始产生交叉（图1-3）。

3. 城中村快速"生长"和快速改造阶段（1994~2011年的城中村）——城镇化快速发展阶段

以十四届三中全会提出财税体制改革为起点，到新型城镇化提出之前，分税制、住房商品化等各方面政策使得土地财政确立，刺激着地方政府更加重视城市建设空间的拓展。各村庄的部分土地被征收，城中村在此背景下快速形成。随后，城市政府为加强规划系统落实、集约利用土地和解决城村二元问题，对形成的城中村进一步进行了彻底的改造工作。

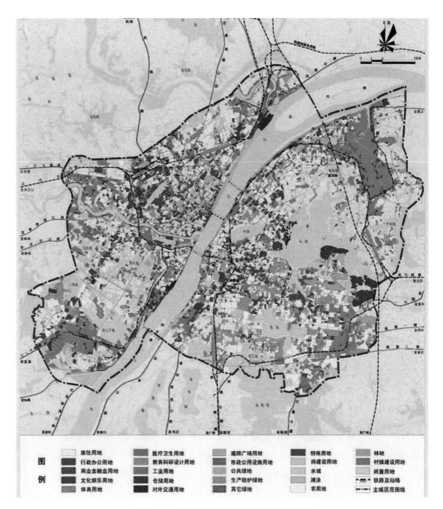

图1-4 武汉市2008年城市建设现状图
图片来源：《武汉城市总体规划（2009—2020年）》

这一阶段武汉的城市建设用地扩张是蛙跳式和内部填充式这两种模式同时进行。2004年前，武汉市主城区内大量农村土地被征收，大量的城中村在此阶段形成；2004年之后，为支持城市快速发展，落实城市规划功能，武汉市对城中村推进了全面快速改造（图1-4）。

4. 城中村改造收尾阶段（2012年至今的绿中村）——提质发展阶段

2011年以前，绝大部分城中村已完成改造。2012年党的十八大提出"走中国特色新型城镇化道路"，我国的城镇化方向确立为以人为本，规模

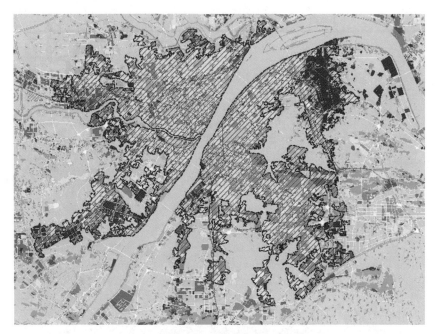

图1-5　武汉市2017年城市建设现状图
图片来源:《武汉市规划一张图》

和质量并重,城市发展从"增量"模式进入"存量"模式。

这一阶段武汉市主城区内部城中村基本改造完成,剩余的城中村主要为主城区边缘的绿中村,武汉市已逐步放弃大拆大建的城中村改造模式,城市发展开始注重品质的提升,城中村改造进入收尾阶段(图1-5)。

二、城市发展对城中村(绿中村)演变的动力分析

1. 农村聚落阶段动力分析

在农村聚落阶段,大部分农村和城市分属于两条不同的路径来促进我国城镇化、工业化。当时的农村地区作为城市发展的腹地,与城市并行发展。城市的用地功能主要以工业、商业、居住为主,而农村地区则成为城市农副产品的供应基地,为城市提供所需的农产品。另外,在国民经济恢复时期与"一五"期间,计划经济主导下的工业化发展造就了一批新兴工矿城市,部分农村土地转为城镇用地,并形成了不同的工业区和附属生活区集群,如黑龙江省大庆市、湖北省武汉市青山区红钢城社区等。

这一阶段，我国广大农村地区还处于纯粹的农村聚落阶段。从空间上看，城乡在土地和空间上的交集较少。这一时期村民的生活方式以农耕为主，农村人口密度低，经济结构单一，职业构成简单，社会联系也主要以血缘和地缘关系为主。

发展关键词：五年计划、社会主义改造、三线建设、上山下乡等。

2. 城中村形成阶段动力分析

城中村形成阶段演变的主要动力是我国农村地区的乡镇企业发展和大城市开始发展。改革开放之后我国经济进入快速发展期，各类产业对空间有很大需求。改革开放初期，城市地区的经济快速发展，原有的城镇空间已无法支撑城市经济进一步扩张；乡村地区逐步产生了乡镇企业，以大分散、小集中的态势分布在我国广大农村地区，以各类轻工业、加工业为主，第一产业空间出现了一定的退缩，村庄土地资源作为工业的生产资料被征用，农民与农业用地逐渐分离。这个时期城边村的农村生产力已有一定的释放，商品经济有一定的发展。

在城中村的形成阶段，城镇建设用地以面状形式向外围空间延伸，沿交通干道轴向式拓展和蛙跳式扩展，城边村的土地逐渐被城市征用，城市和农村地区逐渐交融，彼此之间的界限趋于模糊。这一时期的村民已有部分迁入城市，为适应新的工业生产方式的需要，从传统的农民转变成为产业工人；也有部分村民进入乡镇企业工作，形成实质意义上的就地城镇化。该时期的农村城镇化过程中，城市的生活方式向农村渗透，形成了不同社会群体和亚文化圈，社会联系也逐渐复杂。

发展关键词：改革开放，乡镇企业发展，城市二、三产业快速发展。

3. 城中村快速"生长"与改造阶段动力分析

城中村快速"生长"与改造阶段的主要动力是土地财政确立以后的市场经济下的城镇化发展。随着土地财政的确立，城市大量征用农村土地，大量农业用地转为非农业建设用地，城市中的办公、居住和各类产业用地迅速扩展，部分村庄则被完全包围在城镇建成区以内①，呈现"城农相杂"的空间发展态势。"出租经济""拆迁经济"的强盛使得村民也自发地建起大量违章建筑，"一线天""握手楼""接吻楼"比比皆是，空间环境逐渐失序，相应的公共服务设施和基础设施相当匮乏。同时，此阶段城中村的社会形态开始发生巨大改变。外来人口超过本地人口，人口迁移增长速度超过人口自然增长速度，逐渐形成了以外来人口为主的社会形态。传统的社会结构逐渐重构，城中村本身的文化底蕴逐渐丧失。城中村的生活方式已经是半城市化。

对于城市而言，城中村的快速"生长"造成了大量城市问题，严重影响了城市的环境品质、社会治安、消防安全。随着这些恶性影响的加重，地方政府解决城中村问题的需求日渐紧迫。另外，城市经济发展和功能提升的要求也被提上日程。地方政府推动城中村改造进入加速阶段。

具体而言，城中村的发展是由制度背景和村庄内生动力两方面因素合力形成的。一方面，从宏观政策、制度背景来看，经济的快速发展离不开工业化和城镇化的强力推动，而两者都需要大量城镇建设用地来承载经济的增长。十四届三中全会后，中国全面实施市场化改革，市场化、分权化、分税制等一系列改革，促成了中国特色的土地财政体制的形成②。各地方政府积极利用空间规划尤其是城市规划增加城市建设区，通过土地经营，实现土地快速增值，推动地方经济高速发展。因此，城市经济规模产能的扩张、土地经济价值的提升、城市GDP的快速增长都与乡村土地征收转用、城中村的改造关系密切③。另一方面，从城中村内的个体或群体的分析来看，正是个体极致经济理性和利益抉择，造成了城中村内异质性的建筑群体和村庄群落的产生。而大量"低支付能力"的流动人口的涌入加剧了城市对这些城中村空间的需求，进一步促进了城中村发展。

发展关键词：城市土地有偿使用制度、住房商品化、1994年分税制改革、1998年商品房改革。

---

① 张京祥，夏天慈. 治理现代化目标下国家空间规划体系的变迁与重构［J］. 自然资源学报，2019，34（10）：2040-2050.
② 同上。
③ 张京祥，赵伟. 二元规制环境中城中村发展及其意义的分析［J］. 城市规划，2007（1）：63-67.

4. 城中村改造收尾阶段动力分析

城中村改造收尾阶段的主要动力是生态文明和乡村振兴背景下的城镇化发展需求。2012年我国城镇化率已达到52.57%，即将进入后工业化阶段。回顾西方发达国家的发展历程，快速工业化和城镇化带来一系列问题，包括土地资源、自然资源的浪费以及生态环境的破坏等。因此，国家在2012年党的十八大提出"走中国特色新型城镇化道路"，到2013年第一次中央城镇化工作会议召开，再到2014年《国家新型城镇化规划（2014—2020年）》的印发，一系列政策变化标志着我国城镇进入高质量发展阶段，从城市的角度，前一阶段的快速发展离不开城中村改造中提供的大量空间资源。随着一系列政策文件的提出，控制城市蔓延、加强生态保护、提高城市品质等政策导向成为剩余城中村的改造和发展的牵引力。城中村的发展和改造进入成熟时期，从增量发展阶段进入存量发展阶段。快速发展的后遗症逐渐凸显，城市服务配套的脱节、生态环境的破坏等一系列问题开始暴露出来。此前传统的追求短期、快速经济利益的单一目标逐渐向追求经济、社会、生态等多元目标的方向转变。

此阶段的改造对象以分布在生态控制区域内的绿中村为主，其具有一般城中村各种特征的同时，与周边的自然生态环境也产生极大的不协调。

发展关键词：高质量发展、生态文明、乡村振兴。

城中村发展阶段特征及宏观背景见表1-4。

城中村发展阶段特征及宏观背景   表1-4

阶段特征			宏观背景		
时间	阶段	代表城中村类型	政策背景	社会结构	城乡关系
1949~1978年	农村聚落阶段	城郊村	工业化发展	传统农村	分隔
1979~1993年	城中村起步形成阶段	城边村	改革开放	非城非乡	接触
1994~2011年	城中村快速"生长"与改造阶段	城中村	分税制改革、住房商品化、土地财政		吞并
2012年至今	城中村改造收尾阶段	绿中村	新型城镇化、生态文明		融合

第三节
典型城市绿中村情况

在严格的生态管控下，国内各大城市加强构建生态框架，划定生态控制区，大量中心城区边缘的城中村被划入其中，由此在武汉、深圳、杭州等典型城市中出现了相当规模的绿中村。

一、武汉市绿中村情况

从2004年开始武汉中心城区内156个城中村的改造工作已完成121个，剩余35个城中村未完成改造，其中绿中村有22个（图1-6），全部位于生态控制线内的有16个，其余6个绿中村用地面积有70%及以上位于控制线内（表1-5）。这些绿中村呈板块状分布在东湖风景区、汉阳区"七村一场"、天兴洲板块、洪山区汤逊湖北部四个区域。

二、深圳市绿中村情况

深圳市共有283个自然村全部或部分位于生态控制线内，其中全部位于线内的自然村共60个，80%及以上面积位于生态控制线内的自然村有45个，50%及以上面积位于线内的自然村有104个[①]，主要集中在南

---

① 孙瑶，马航，邵亦文. 走出社区对基本生态控制线的"邻避"困局——以深圳市基本生态控制线实施为例［J］. 城市发展研究，2014，21（11）：11-15.

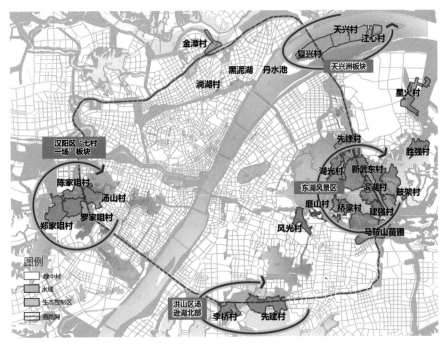

图1-6　武汉市绿中村分布

武汉市绿中村村庄用地情况一览表　　　　　　表1-5

序号	区名	村名	总用地面积（hm²）	总现状建筑规模（万m²）	生态区用地（含生态底线和生态发展区）（hm²）	生态区用地占比（含生态底线和生态发展区）（%）	生态区内现状建筑面积（万m²）	生态区内建筑面积占比（%）
1	江岸区	金潭村	120.71	35.11	89.27	74.0	12.25	34.9
2		汤山村	246.64	52.93	199.47	80.9	37.78	71.4
3		罗家咀村	259.47	54.34	259.47	100	54.34	100
4	汉阳区	陈家咀村	179.88	46.03	173.41	96.4	45.54	98.9
5		郑家咀村	337.72	37.64	325.45	96.4	36.33	96.5
6	武昌区	风光村	154.29	3.78	154.10	99.9	12.40	327.8
7		李桥村	180.45	61.40	180.45	100	61.40	100
8		复兴村	375.89	5.25	375.89	100	5.25	100
9	洪山区	天兴村	252.10	5.02	252.10	100	5.02	100
10		江心村	305.85	4.30	305.85	100	4.30	100
11		先建村	398.63	38.38	398.63	100	38.38	100

续表

序号	区名	村名	总用地面积（hm²）	总现状建筑规模（万m²）	生态区用地（含生态底线和生态发展区）（hm²）	生态区用地占比（含生态底线和生态发展区）（%）	生态区内现状建筑面积（万m²）	生态区内建筑面积占比（%）
12	青山区	星火村	269.04	14.43	223.41	83.0	7.19	49.8
13		胜强村	160.98	12.10	160.98	100	12.10	100
14	东湖风景区	磨山村	90.29	40.49	90.29	100	40.49	100
15		湖光村	256.10	74.55	256.10	100	74.55	100
16		先锋村	315.07	91.02	313.53	99.5	91.02	100
17		新武东村	1006.39	131.50	1005.84	99.9	131.50	100
18		桥梁村	152.64	42.29	152.64	100	42.29	100
19		建强村	280.13	27.54	280.13	100	27.54	100
20		滨湖村	396.84	35.61	396.84	100	35.61	100
21		鼓架村	386.75	28.13	386.75	100	28.13	100
22		马鞍山苗圃	8.27	3.62	8.27	100	3.62	100
合计			6134.12	845.47	5988.86	97.63	807.04	95.5

山、罗湖和龙岗区，村庄建设用地总面积达28.1km²，自然村平均规模约10hm²。村集体土地呈分散、碎片化的分布特征，与国有土地相互交错（表1-6）。

深圳市生态控制线内村庄用地情况一览表　　　表1-6

行政区	线内用地面积（hm²）	线内用地占行政区面积比（%）	线内村庄各类用地面积（hm²）					村庄用地占线内用地面积比（%）
			居住用地	工业用地	其他建设用地	村属空地	总建设用地	
罗湖	4812.5	61.1	80.6	25.2	4.4	11.7	121.8	2.5
福田	2248.3	28.6	5.0	1.6	4.1	0.0	10.7	0.5
南山	6506.6	36.3	51.3	195.2	10.5	6.1	263.1	4.0
盐田	5102.7	68.4	0.3	0.0	0.0	0.0	0.3	0.0
龙岗	18022.0	46.5	148.6	565.8	33.7	57.3	805.3	4.5
宝安	14200.6	36.4	64.5	471.2	51.8	109.5	697.0	4.9
坪山	8975.6	53.7	113.1	86.7	4.9	6.6	211.3	2.4
龙华	6371.7	36.3	45.9	177.2	27.8	31.8	282.8	4.4

行政区	线内用地面积（hm²）	线内用地占行政区面积比（%）	线内村庄各类用地面积（hm²）					村庄用地占线内用地面积比（%）
			居住用地	工业用地	其他建设用地	村属空地	总建设用地	
光明	8372.4	53.9	24.4	293.1	47.7	4.8	370.0	4.4
大鹏	22216.4	75.3	19.3	22.4	1.8	0.9	44.4	0.2
合计	96828.7	—	553.1	1838.4	186.6	228.7	2806.7	—

资料来源：陈佳佳. 城市生态控制线内村庄更新对策探讨——以深圳市为例［D］. 重庆：重庆大学，2018.

三、杭州市绿中村情况

杭州市绿中村主要以西湖风景区内的村庄为主，2011年西湖文化景观正式列入《世界遗产名录》，西湖风景区总面积约49km²，西湖风景区内现存9个景中村，包括梵村村、梅家坞村、九溪村、龙井村、杨梅岭村、翁家山村、满觉陇村、双峰村以及茅家埠村（图1-7）。

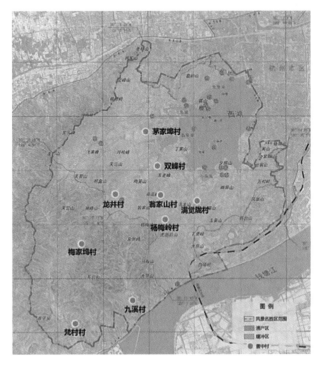

图1-7 西湖各类保护区划及景中村分布情况

资料来源：陆建城，罗小龙，张培刚，等. 产权理论视角下景中村治理困境与优化路径——以西湖风景名胜区为例［J］. 现代城市研究，2020（8）：75-80，131.

第四节
绿中村的属性认知

一、区位属性

绿中村一般位于中心城区边缘地带,一方面拥有完善的基础服务设施和优美的郊野风光;另一方面相比于远郊的乡村地区,交通可达性突出。例如,武汉的22个绿中村均分布在二环线周边,处于中心城区的边缘地带,区位优势明显(图1-8)。

二、价值属性

相比于一般城中村以规划经营性建设用地土地增值为价值导向,绿中村内土地功能一般是生态、农业等非城市经营性用地。其土地具有提供生态服务、农业产品的潜在价值。例如,浙江省安吉县天荒坪镇余村(图1-9),其土地功能基本以农业、生态产业为主,包括复合种养的农业板块、高效生态的农业设施、"互联网+"农业、农旅结合的"庄园经济"。

三、空间规划属性

一般城中村处于城市集中建设区,在改造中没有明确的强制性要求。

对于绿中村而言,其用地大多处于生态保护红线、生态廊道、生态框架内,政府按照各类生态控制管理规定,采取"详细规划+规划许可"以及

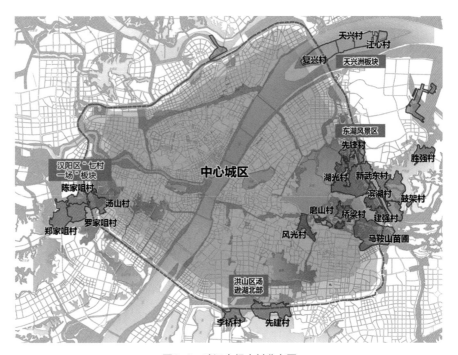

图1-8　武汉市绿中村分布图

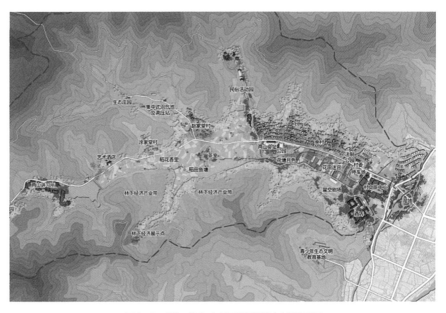

图1-9　浙江省安吉县天荒坪镇余村平面图

图片来源:《安吉县天荒坪镇余村总体规划》

"约束指标+分区准入"的方式对其进行管控。绿中村内产业发展约束是以生态环境质量为前提的产业类型选择和项目准入管控，具体分为禁入、准入和倡导三类。其中，禁入产业指的是工业、仓储等对生态环境影响较大的产业类型；准入产业指的是对生态环境干扰较小或生态控制线内居民点生产生活必需的产业类型，如传统农业生产、居民生活服务等产业，且必须在生态友好的基础上进行产业发展；倡导产业指的是都市农业、生态旅游等有利于保护生态环境且能促进生态控制线内生态良性发展、空间合理利用的产业（图1-10）。

四、建设要求

绿中村内的村庄建设约束遵循高绿量、低强度、低密度的原则，具体分为规模控制、强度控制和风格控制。建筑规模控制遵循"只减不增"的用地规模控制原则与"先拆迁后新建"和"多拆少建"的建筑总量控制原则，并对生态控制线内村庄的规模进行严格控制，引导它们走向用地规模不增加、建设总量有控制的集约发展道路。建筑强度控制强调低强度的建筑开发模式。建筑风格控制要求建筑的风格、色彩应与周边生态环境相协调并体现地域特色[①]（图1-10）。

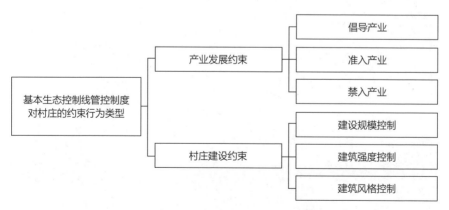

图1-10　基本生态控制线的两方面管控

资料来源：付丝竹. 生态控制下武汉市城市边缘区村庄适应性发展策略研究［D］. 华中科技大学，2019.

---

① 付丝竹. 生态控制下武汉市城市边缘区村庄适应性发展策略研究［D］. 武汉：华中科技大学，2019.

第五节
小结

　　城中村的发展经历了纯粹农村聚落、形成、快速"生长"、改造和改造收尾四个阶段，伴随城市加强生态区的控制，绿中村的存在成为各大城市中的普遍现象。从绿中村自身具有的各项特征属性来看，它具有优良的生态价值，然而与前一阶段增量发展环境下大拆大建的城中村改造方式相比，绿中村在改造中以生态保护为首要考量。目前，在国家提出一系列生态保护要求的政策背景下，解决绿中村改造问题已成为改善城市生态环境和村民民生的当务之急。在生态文明导向下，寻找绿中村新的改造和发展路径是当前的迫切需要。

　　各大城市在发展转型背景下，制定了各类生态空间管控措施，但由于以上措施未明确绿中村改造的实施路径，使得绿中村的问题长期悬而未决。绿中村改造的迫切性需求在宏观和微观两个层面分别有所表现。

　　在宏观层面，城市功能框架的完善需要通过绿中村改造实现。城市的功能框架由多种服务于生产、生活、生态的功能空间有机构成，此前的城市建设活动一直比较关注生产和生活相关的城市功能，而忽视了和生态有关的城市功能。随着生态文明建设和城市高质量发展的思想深入人心，作为城市功能框架中不可或缺的一部分，生态空间的完善更具有其迫切性。但由于绿中村大量分布在城市的重要生态框架空间内，破坏了城市生态功能的空间连续性，绿中村内的生产、生活等活动也持续影响着区域的生态环境质量，为此城市政府迫切需要通过绿中村改造推进城市生态功能系统的构建和其他公益性功能的完善。

　　以武汉市为例,绿中村分布在城市中的重要生态框架空间内,如天兴洲绿中村板块位于生态内环内,"七村一场"绿中村板块位于后官湖绿楔内,汤逊湖北部板块位于汤逊湖绿楔内,以及马鞍山苗圃板块位于大东湖绿楔内等,这些绿中村严重影响了城市生态功能框架的完整性,四个方向的绿楔无法完全发挥其生态价值(图1-11)。同时,"七村一场"板块内规划的武汉西站等城市重要工程也需要通过绿中村的改造来实施落地。

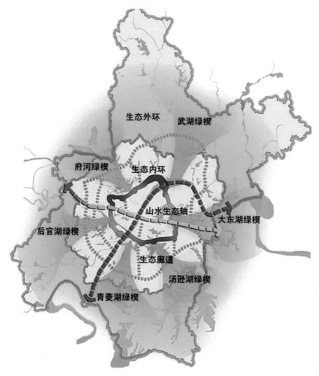

图1-11　武汉市基本生态控制线范围图

资料来源:https://www.wpdi.cn/project-1-i_11309.html

　　微观层面上,村民的民生改善也需要通过绿中村改造实现。在缺乏生态发展路径和城乡二元管理的背景下,绿中村经济发展停滞,进一步引发物质空间破败、基础设施不完善、污染严重、治安混乱、乡土文化瓦解等各类问题。村庄的经济发展诉求与生态保护控制要求产生了错位。村庄发展愿望日趋强烈,往往自行进行经济开发,反而造成生态地区破坏侵蚀更加严重,绿中村内外的生态环境逐渐恶化。因此,满足绿中村村民在生活中对于这些方面的民生需求是绿中村改造最为紧迫的任务。

第二章

绿中村改造前在城市中的表征

在城市增量发展阶段，城市的空间增长和功能提升与城中村的形成和改造有着紧密关系，两者之间是互动联系的（图2-1）。在此阶段，绿中村作为城中村的一种，其与城市的互动关系也是如此。城市的发展征用大量农村用地，农村向城市不断提供土地空间（耕地）、人力等一系列资源。其特点是显性的、增量的。农村发展空间的不断缩小和城市生活的浸入，对农村的经济、社会、文化、空间形态等多方面造成了影响。

在城市存量发展阶段，绿中村被划入城市生态控制区，其对城市的作用是作为城市的规划生态资源和建设的增长边界。在生态保护和建设管控的背景下，两者互动关系的特点是隐性的、存量的[①]，在这种互动关系下，村庄通过拆迁暴富或通过房地产开发获得土地利益的可能性非常小。

究其原因，是长时间大规模的快速增量发展不可持续，国家希望通过对生态资源的管控倒逼城市和经济发展转型（图2-2）。从可持续发展和生态保护的角度来看，基本生态控制线的划定是合理且必需的。但从2005年

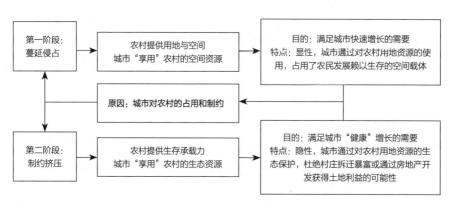

图2-1　城乡互动关系两个阶段

资料来源：王纪武，李王鸣. 基于农民发展权城乡交错带生态保护规划研究［J］. 城市规划，2012，36（12）：41-44，76.

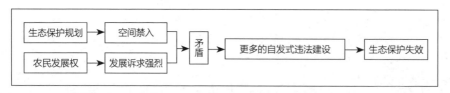

图2-2　基本生态控制线内绿中村问题示意

① 王纪武，李王鸣. 基于农民发展权城乡交错带生态保护规划研究［J］. 城市规划，2012，36（12）：41-44，76.

深圳划定基本生态控制线以来，全国范围内对绿中村内农民发展的问题始终没有给予足够重视，政策的实施落地缺乏强有力的抓手及路径，导致绿中村村民权益得不到保障，生态保护工作无法落实。这不仅严重影响了民生保障和社会稳定，更是对生态保护有效性的挑战。

第一节

绿中村在城市中的经济表征

与其他城中村一样，绿中村的经济发展也受到城市经济的深刻影响，并在城市经济生态体系中扮演着独特角色，而且经济发展轨迹受城市空间规制和边缘化区位条件的影响比较明显，以下将结合武汉市22个绿中村的田野调查结果，对绿中村在城市中的经济角色展开实证分析。

一、绿中村主要经济表现

1. 经济产业结构

绿中村经济在产业结构总体上属于"二、三、一"的产业结构，其中第二产业以低端加工制造业为主，第一产业以传统农副产品生产加工为主，第三产业发展较为缓慢，以分散的个体服务业为主（图2-3）。以汉阳区"七村一场"为例，其主导产业以低端加工制造业及农业、水产养殖业为主，其中农业及水产养殖业收入占区域产值的6.4%（约0.42亿元），加工制造业收入占区域总产值的84.9%（约5.53亿元）。

2. 村集体经济表现

（1）粗放式经营土地出租

土地出租是村集体重要的经济来源，以村集体主导开展的土地出租业

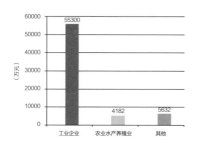
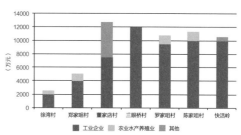

图2-3　武汉市汉阳区"七村一场"的产业结构

务，由于经营能力较差，其经营方式较为粗放。主要表现在两个方面。

一方面，相较于政府统筹开发，村集体自主开发方式最大的弊端在于没有统筹规划，基本是开发商或者公司等主体看重哪一块就或租或卖哪一块，由此带来土地使用的细碎化和低效利用。从洪山区李桥村的土地出租经营可以发现，村集体在2010年前自主出租土地的方式导致本村土地空间细碎化。其中，相对较大的村湾被7～8个公司主体分散租用；而村域内现在的车检所用地就涉及本村三个组的三块用地。村内位置相对较好的土地基本被占用，目前只剩边角料地，失去了实际成规模的利用价值。

另一方面，受村集体行政级别和可支配资源的限制，即使村集体对土地进行有意识的系统规划，也很难实现土地价值的升级。因为村作为最基础的自治单位，无法在更高行政层级上获得政策支持，只能统筹其辖区范围内的有限土地资源，无法完全融入区级、市级功能区的建设，其规划价值也必然受限。

（2）被动依赖土地征收补偿

总体来看，土地出租在绿中村集体经济中虽然占有一定比重，但并非最主要的集体收入来源。集体经济发展主要还是靠土地征收。武汉农村地区的土地征收施行统一的补偿分配方案，即土地补偿费归村集体统筹，被征地农户获得青苗补偿费、安置费。集体统筹的土地补偿费要为失地农民购买社保，其余部分则用于经营，并对村民股东进行分红。在土地出租粗放经营的情况下，土地征收获得的经济补偿构成了村集体经济的主要收入来源，村集体经济对此逐渐产生了很强的依赖性。同时，绿中村的土地征收计划主要是政府主导的，土地资源经常被区级政府用来服务于中心城区其他项目的改造用地，因此村集体存在着相当部分的土地征收补偿是在上级政府的指令性任务下被动完成的。

以武汉市洪山区先建村为例，从2002年开始，迄今经历了十多次土地征收，累计被征收面积达1000亩，被拆迁农户110多户（表2-1）。近年来，征地价格是：三环线内农业用地每亩43.8万元，宅基地十几万元。其中，每亩按照1万元青苗费和1.2万元劳动力安置费分配给农民，其余留在村集体统筹。目前，先建村集体经济账面资金有5000多万元，另有数千万元征地补偿款未到账。汉阳区三眼桥社区、洪山区李桥村等绿中村也存在类似状况。

先建村历年征地情况一览表　　　　　表2-1

征地项目	时间	征地面积（亩）	拆迁户数	安置方式
三环线建设工程	2002年	200	72	还建房
北编组站铁路项目	2007年	32	27	货币补偿
珞狮南路延长线	2007年	87	0	
武警部队训练场	2009年	200	0	
城际铁路项目	2010年	50	36	还建房
三环线绿化工程项目	2011年	200	0	
文化大道景观	2014年	6	—	
生物科技职业学校占地	2014年	20	0	
两湖连通渠	2019年	100	0	
三环线绿化（军运会）	2019年	30	0	
两湖隧道	2019年	100	0	

3. 村民个人经济表现

（1）传统农业生产活动逐渐减少

武汉现有绿中村中，除少数村庄外，多数村庄中农业经济已经比较薄弱。具体表现在三个方面：一是农业经营规模大幅度减小，仍然在种植农作物的土地面积已经比较小，尚未开发的土地除出租外，仅有少量耕种，多数都处于抛荒状态；二是农业从业人口老龄化，且数量较少，村庄中依旧坚持务农的全是老年人，中青年人基本不会从事农业种植活动，少数中青年人从事农业相关行业，但多是利用电商渠道进行有限的农产品销售；三是农业生产在家庭经济中仅发挥补充作用。除少数老年人之外，对绝大多数村民来说，农业的经济收入已经微不足道，而从事务农活动的大多数老年人主要是出于农业自给自足、劳动锻炼养生的需要。

以洪山区天兴洲内的绿中村为例，此前，天兴洲一直是武汉市著名的瓜果基地，"天兴洲西瓜"名声远扬，市场需求大，家家都靠种植西瓜、蔬菜为生。在2010年后，天兴洲农民最主要的蔬菜集散市场被拆除，西瓜和蔬菜销售出现问题，天兴洲的农业经济迅速衰落。目前仅1/10的人口仍在从事农业，其全部是60岁以上的老年人，洲上70%的耕地被村民种了树，基本处于抛荒状态。

2000年前，汉阳"七村一场"地区曾经是武汉市重要的蔬菜基地，也有30%的农民将土地改成了鱼塘，永丰街道还曾经成立了什湖蔬菜公司负责蔬菜基地的承包经营。但从2000年后，蔬菜种植效益下降，年轻人不再愿意从事农业生产活动，只剩下中老年人还在坚持。2008年后，蔬菜种植进一步萎缩，目前仅剩老年人保留了菜园地，或者利用已征用但未开发的土地，主要目的是自给自足。部分剩余，会拿到市场上销售。

（2）充分而低门槛的务工就业

农业生产逐渐减少的重要原因之一便是务工机会增加带来的劳动力转移效应。目前，务工已成为绿中村村民最主要的收入来源。务工方式存在较明显的代际差异，年轻人大多从事简单技能型或轻体力轻脑力劳动型职业，如出租车司机、商场销售员、超市收银员、工厂维修工、协警、协管等，中年人则大多从事中度的体力劳动，如保安、保洁或传统的水电工等。从田野调查结果来看，绿中村80后、90后的年轻人，普遍存在受教育程度较低，就业层次一般的情况。仅武汉市马鞍山苗圃绿中村的多数年轻人接受了大专以上教育，其他村庄年轻人仍以中专或高中学历为主。年轻人的就业半径大一些，中年人就业半径小很多，基本分布在居住地附近的区域性市场。务工经济的特点一是就业充分，村民普遍认为只要不懒惰，总能找得到工作机会，60多岁的老年人也能找到绿化、门卫等工作。由于绿中村普遍经过了村庄改制，农民基本都购买了社会保险，尤其是中年以上群体，其灵活就业的方式能够减轻用工单位的社保成本，这成为他们再就业的一个优势。另一个特点就是就业门槛较低，工资水平一般，同时还呈现出一种明显的年龄段分化现象。以武汉市马鞍山苗圃绿中村的就业结构为例，年轻人就业一般前往中心城区寻找白领阶层的工作机会，收入维持在3000~4000元，且非常不稳定，经常换工作；中年人从事苗圃工人、环卫工等较低端的服务业，就业相对稳定，但收入一般都在2000元左右；老年人则在附近寻找保安、巡查员等非正规就业机会。

（3）活跃而脆弱的非正规经济

绿中村内存在着相当规模的非正规经济，其首先表现为村民普遍参与到非正规的房屋出租经营中。以武汉市三环线南部的先建村、李桥村为例，村民的房屋出租收入较高，其出租对象主要是附近学校的学生、外来务工人员、小型商店超市经营者等。相对廉价的出租房也为外来务工人员、青年创业人群提供了重要的栖身之地。在2008年政府严格控违之前，李桥村未被拆迁的部分村民抢建了一批房屋，每户房屋面积几百至上千平方米不等，因此都有闲置房屋出租。两村户均年出租收入达到3万元以上，这成为村民个人家庭经济收入的重要补充。但从整体来看，其他绿中村由于受到政府空间管制的强力约束，村民房屋建设受到严格控制，没有出现城中村大面积违章建造的情况。所以，尽管有市场需求，但村民供给能力有限，出租经济总规模要比一般城中村小很多。

绿中村与一般城中村一样，具有吸纳和滋养非正规经济的天然优势，非正规的出租经济也为其他类型的非正规经济提供了土壤。同时，非正规经济吸引了大量外来人口从事摆摊贩卖、私营小作坊、废品回收等非正规生产经营活动。以武汉市先建村、李桥村为例，两村内部存有大量非正规经济。其中，餐饮、婚丧服务、宾馆住宿数量占比达到74.5%，这些业态较低端，经营方式分散，效益不高（图2-4、图2-5）。

非正规经济的活跃性，是市场自发形成的供给与需求的平衡。同中心城区市民或高收入群体相比，绿中村聚集和服务的人口（外来务工人员、学生、本地村民、周边低收入群体等）消费能力比较有限，且追求便利性和廉价性，而非正规生产经营活动特别适应这种"烟火气"，能够根据消费人群更加灵活地安排自身经营内容、时间、地点。因此在经营形态上，都是规模较小、营业时间弹性较大的微型市场主体。非正规经济的非正规性，其最主要的特点是不能严格遵守现代国家制度，如劳动法规、税

图2-4　先建村、李桥村非正规经济构成

收制度、城市管理制度等，导致非
正规经济容易受到政府管理手段的
影响，具有明显的脆弱性。特别是
近年来随着城市管理要求的提高、
覆盖面的延伸，绿中村非正规经济
的发展空间正在收缩。安全生产、
卫生监督、市容管理等方面的标准
化、严格化要求，正在冲击着非正

图2-5　绿中村非正规经济

规经济。随着城市现代化建设从中心城区向城市边缘区延伸，中心城区的
一些非正规小型工厂、小作坊也在进一步向远城区或周边城市外迁。

二、绿中村经济发展成因

作为一个承载经济活动的物质空间，绿中村的经济发展轨迹，受到市
场、政府和自身要素禀赋等三重力量的共同塑造。

1. 城市核心区城中村改造的影响辐射

相较于一般城中村，绿中村的区位条件决定了其经济发展要滞后得多。
第一，绿中村的经济发展和非农化村庄转型很大程度上受到了城中村

改造的推动。城中村改造将外来人口和经济机会倒逼至暂未开发而又享有地利之便的绿中村,绿中村才快速实现了非农化。同时,随着城市开发提速,城市基础设施建设迅速展开,以及由此创造出大量低门槛的服务行业岗位,也为绿中村村民创造了新的就近工作机会。原来城中村承载的区域性经济生态系统逐步由绿中村承接。

第二,绿中村村民的获利预期受到城中村改造的影响。一般城中村村民率先享受且长期维持了城市发展"红利",并通过改造获得了巨量利益,这是其"早发优势"。相比之下,绿中村的"后发劣势"很容易形成"相对剥夺感",并强化绿中村村民参照一般城中村村民的获利预期,进而导致村民产生不愿正规就业的闲散心理。

第三,一般城中村改造成功后的集体经济对绿中村集体经济发展空间产生挤压。绿中村周边的一般城中村改造后,由于其相对优越的市场区位,又较早抓住了市场机会,其集体产业(物业出租)的发展占据了大量市场空间。这在一定程度上对绿中村集体经济的发展空间造成了挤压,也对其将来的发展道路提出了挑战。

2. 传统的规模商业开发思维在生态保护下受限

与一般城中村集体经济发展思维相同,受城市经济辐射影响,绿中村也试图将产业结构从规模化农业生产调整到规模化的工商业发展,通过村办工厂、村办商业捕获城市的发展机会,实现集体财富的快速积累,然而这种传统的规模化工商业开发思维在城市生态控制区内是难以实现的。城市生态控制区内空间管制的主要目的是控制城市建设区扩张,实现城市空间更加集中、高效、有序的利用,并营造城市生态框架,维育生态系统。生态控制区内一般按照建设用地和建筑规模只减不增的要求进行控制,以防止生态环境因建设空间持续挤压而进一步恶化,同时为未来的生态修复工作做好准备。因此,与生态保育相冲突的成规模的传统工商业甚至建筑增建都是严格限制的。同时,为控制和降低将来生态修复和村庄改造成本,避免空间无序利用,在空间管制下,绿中村的空间形态和经济活动状态基本按生态控制区划定时间进行锁定,控制其继续扩张。

在这样的形势下,绿中村受经营思维和经营水平的限制,以及比较利益心态驱动,对于传统农业生产逐步放弃,规模化的集体工商业又难以发展，形成了正规经济持续衰落，谋生存的无序非正规经济逐渐生长的局面。

不可否认的是，空间管制的积极影响是非常明显的，绿中村没有出现一般城中村那样违建密集，工厂、商业无序发展的情况，降低了将来村庄改造的物质成本。然而，由于村集体和村民获利欲望被长期抑制，其形成的改造开发获利预期比一般城中村更加强烈。村集体和村民普遍认为在空间管制下，自身存在长时间的利益损失，这些损失构成了村庄改造的"沉没成本"，村民有极大的意愿，将这些成本通过将来的开发改造一次性收回。

3. 村庄自有的要素禀赋

自身要素禀赋是村庄捕获城市发展机会的基础。村庄要素禀赋中，有两个比较重要：一是地理区位。绿中村和城中村一样，都是被动卷入城市发展，或者说是区域市场发展将村庄覆盖。城市经济发展基本是沿着地理空间由城市产业中心向外围铺展开的，村庄与市场和产业中心的距离决定了其在该产业领域的区位经济价值。与市中心的一般城中村相比，绿中村很难与城市核心的产业发展发生对接，即城市中心发达的工商业经济热度很难外溢到绿中村。二是土地。土地是经济发展最主要的要素之一，对农民和村庄来说，土地几乎是其获取城市发展红利的最关键资源，甚至比劳动力更重要。由于人力资源缺乏工商业领域的专业技术优势，农民依靠劳动力获取城市发展红利的方式，只能是在产业链的下游就业，获利空间是比较有限的。相对而言，土地却是发展不可或缺的资源，即使不能直接用于正规的工商业发展，也可作为堆场、基础设施、公益设施等。随着城市发展，村庄也就有依赖土地一直获利的空间。基于区位和土地的因素，绿中村经济呈现产业轻、土地获利依赖重的情形，而由于村集体经营思维受限，生态空间内经济发展路径不明朗的原因，绿中村的现有土地获利模式主要是靠土地出租和征收补偿。低水平经营带来了土地的低效利用，既没有产生高的经济效益，也没有产生生态效益和社会效益。

三、绿中村经济表征的总体判读

综上所述，从价值上判断绿中村的总体经济表征，分析其存在的短板和积极作用。

1. 存在短板

一是低水平的土地出租，造成土地产权（使用权）碎片化，土地利益复杂化，造成土地低效利用，并增加后期再利用成本。这一点前文已通过洪山区李桥村的案例做了说明。

二是村级经营能力同经营需要不相匹配，存在巨大资产经营风险和廉政风险。通过土地征收，有的绿中村已经积累了数千万甚至上亿元资金，从资金规模看，这已经相当于一个中上规模的企业，但是，主导集体资金经营使用的村干部，显然还不具备与之相匹配的企业家的经营水平。更重要的是，集体资金与企业资产不同，是全体村民共同所有，集体经济组织管理者只是受村民委托，代行管理与经营权力。但由于村民数量众多且力量分散，难以对集体经济组织管理者进行有效监督，就很容易存在代理人失控的风险。

三是村级主体的经营活动可能产生无序竞争，扰乱城市产业发展规划和良性市场秩序。受经营眼界、能力限制，村级物业出租的承租方大多是被中心城区淘汰出来的零散低端加工制造业或服务业，以及服务于周边居民的餐饮商超等行业。其承接部分低端产业固然能够解决就业问题，但客观上也存在较大的安全、环保等风险。其发展起来的餐饮商超等业态，则存在比较突出的重复投资、无序竞争问题。几乎所有城中村的自持物业出租，引进的业态都是高度重合的，全部都是生活服务业。由于缺乏统一规划和严谨的市场需求评估，其发展前景存在较大不确定性，而集体投资的固定资产也因此可能存在贬值风险。

四是小微餐饮业的安全管理存在隐患。目前，不少小型的餐饮经营实体经营行为不规范，有的不符合办理经营许可证的条件，但由于数量众多，食品卫生安全问题的监管存在薄弱环节。同时，消防安全也存在不少隐患，尽管基本配备了简易消防器材，村级组织每年也会组织两次消防安全培训会，并进行日常巡查。但由于村级组织缺少执法权，实际效果并不十分理想。在这方面，市场、城管、消防等相关职能部门的职能发挥还需要进一步强化。

2. 积极作用

一是廉价的地租经济为外来人员落脚城市提供了可能。加拿大记者道格·桑德斯在《落脚城市：最后的人类大迁移与我们的未来》一书中，令人信服地论证了贫民窟与城中村等在农民城市化中的积极作用。其核心观点是，这些地方并不像人们以往所认为的，只是社会失败者聚集的罪恶之地，而是在包括农民在内的外来移民进入城市的"跳板"[①]。借用桑德斯的观点，绿中村在当下的城镇化进程中，正在扮演着"落脚城市"的功能。随着位于中心城区的城中村陆续改造完成，城中村房屋租金上涨明显，其为外来人员提供廉价租房的功能逐渐被绿中村取代。绿中村的"落脚"功能，具体表现在以下两个方面：一方面，绿中村提供了廉价的居住与生活消费场所，降低了进城农民和职场新人的生活成本；另一方面，绿中村提供了较充分的非正规就业机会。绿中村为非正规经济发展提供了空间，这也为进城农民务工、经商提供了市场机会。这两个功能相辅相成，体现了绿中村作为一个充满活力的经济生态系统的特点。尤其值得一提的是，非正规经济能够为一些创业者提供创业初期较友好的市场环境，特别是一些生活服务业领域具有了一定的产业孵化功能。

　　绿中村为城市市民和城市发展提供了经济服务功能。绿中村形成了一个区域性的商业服务业市场，为周边城市居民提供了多元化的市场选择和更多的生活便利。绿中村距离中心城区相对较近，房屋租金和通勤成本相对较低，能够为城市生活服务行业的从业者提供廉价居住与生产场所。因此，城市市民所需要的家政、水电维修、快递、街头餐饮等各种生活服务，都可以在绿中村内相对低成本地获取。随着城市中心的商业服务业成本不断上涨，城市中心对非正规经济的挤出效应越来越强。作为城市经济生态体系中必然存在的业态，非正规经济自然选择了距离中心市场较近的绿中村作为其发展空间，继续为城市提供服务。

---

① 道格·桑德斯. 落脚城市：最后的人类大迁移与我们的未来［M］. 上海：上海译文出版社，2014.

第二节
绿中村在城市中的社会表征

　　绿中村是城市社会中特殊的社会空间。一方面，其社会边界是开放的，是乡村与城市阶层流通的重要枢纽，与城市社会发生着诸多层面的密切互动；另一方面，其社会形态又具有独立性，区别于普通乡村，也区别于城市社会，并在社区治理等方面保持着一定封闭性。绿中村的社会空间，是城郊村落被城市社会与外来群体共同塑造的结果。可以预见的是，作为一种特殊的社会形态，它很难在短期内融入城市社会，走向所谓"村落的终结"，而将长期维持其独特的存在，这样的存在或许至少将要维持一到两代人的时间。这是由中国农村独特的土地集体所有制制度和受城市影响的乡村社会生活关系来共同决定的。在这个意义上，应用一种更深阔的视野和历史的耐心来认识绿中村在城市中的社会角色及其前途命运。

一、半城市化的社会

1. 多元化的分散型村庄

　　武汉所在的江汉平原地区，现有村落格局基本上形成于明清时期"江西填湖广"的大移民时期。江西是宗族文化比较发达的地区，但是历史上的江西移民在迁徙过程中，却产生了明显的宗族梯度性弱化过程。大量调研显示，作为"江西填湖广"移民的主要迁入地，湖北农村社会的宗族结构呈现自东向西逐步弱化。鄂东南地区毗邻江西，宗族结构至今仍然相对完整。鄂东北和江汉平原东部边缘地区则出现宗族文化部分保留但宗族结构衰减的状况，即修祠堂、修族谱等与宗族相关的民俗文化传统或多或少残存，但宗族结构对人们日常生活的影响已经非常有限。到了江汉平原腹地，宗族结构与宗族文化基本不见踪迹，成为非常典型的原子化分散型村庄。

武汉地区农村的社会性质，东部、北部毗邻黄冈、孝感等地的山区丘陵地区，宗族文化保留较多，聚族而居的村落比较普遍。西部、南部等平原地区村落，则基本上是杂姓聚居的原子化村庄，现有绿中村全部属于这种类型的村庄，许多村庄历史非常短暂。例如李桥村，该村有马咀、上桥、下桥、袁家墩四个自然村，村民基本都是从武汉新洲逃荒而来的移民，少部分来自宜昌、黄石、黄冈等地，迁徙历史基本能追溯到三到五代人。村庄内姓氏复杂，没有主导性的大姓大族，村民也普遍缺乏宗族记忆和历史感，具有一致行动能力的血缘亲情联结较弱，最多拓展到五服关系，实际上多在三服以内的兄弟关系。

原子化村庄的特点就是社会关联分散性。分散性"并不是说所有村民之间就没有亲缘关系，也不是说所有农民之间没有利益联系"，而是"村民之间的关系薄弱且多元，往往是姻亲关系和个人朋友关系超过了基于地缘基础的血缘联系。""没有永恒的朋友，只有永恒的利益，是对分散型农村的有效描述"。分散性的社会结构造成村落中具有社会整合和社会控制功能的内部村规民约较弱，村落容易受到外界力量的影响。因此，原子化村庄的社会边界具有天然的开放性。这正是武汉地区的城中村（绿中村）与珠三角地区同类型村庄的差异所在。后者依托强大的宗族结构形成了更加封闭的社会空间，典型表现在村民在村庄改造中具有强大的集体博弈能力，获得更多的利益。而武汉地区的城中村改造中，只会出现个体钉子户。

绿中村的开放性主要表现为社会结构多元化，以及相对温和的"土客关系"。武汉绿中村的人口结构非常多元复杂，除外来流动人口外，其本地常住人口主要包括农业人口、农转非人口、世居人口三类。农业人口和外来流动人口是一般农村普遍存在的人群。农转非人口来源有两个：一是计划经济时期，城市招工进城，一部分农业人口得以转为非农户口；二是城市以前征地时，配套若干的安置农转非指标。世居人口是指数十年前先期迁入村内，世代居住在村内的城市人口。这类人群长年在村庄中生活，参与了村庄发展建设，作出了一定贡献，并在村庄中仍然具有一定的社会关系。世居人口在村庄集体产权制度改革时，如何认定其应有的权利是一个非常关键的问题。多元化的社会结构中，除外来流动人口外，其余都会对建立在土地所有制和户籍身份系统上的权利认定造成挑战，是绿中村改制和改造中的突出难题。

2. "半城市化"的社会生活

绿中村的社会生活已经被城市社会重塑，但由于仍保留村庄建制和一部分生活乡土性，当下的绿中村处于不充分城市化或者说"半城市化"状态，包括城市化的程度不充分性和过程动态性。

绿中村村民生活的乡土性主要表现在如下几个方面：一是家庭生计中仍然保留一定的农业生产。以家庭为单位来看，农民家庭尚未完全脱离农业性。二是乡村邻里关系在社会交往中占有重要地位。原子化村庄血缘关系不发达，乡村邻里关系是村民最主要的社会关系，尽管村庄社会边界开放，有大量流动人口涌入，但村民以邻里为单位的社会交往仍在维持。为了应对城市化的挑战，乡村邻里关系在某些方面还会被强化。比如，外来农民工会通过地缘关系形成务工经商的"老乡聚集"现象。绿中村村民同样如此，他们在进入城市寻求经济机会时，同样会强化原有的邻里联结互助关系。即使村民身份转变为城市居民，上述两个方面在村民心理观念和日常生活中很难在短期内消失。

绿中村农民生活的城市化主要表现在四个方面：一是家庭消费生活的城市化。绿中村的村民在生活消费方式与市民的区别正在迅速消失，当然消费水平的差距仍然明显，不过，消费水平主要取决于经济收入，而与社会身份无关。消费方式的城市化，就是农民与市民共享同样的消费理念，共享同样的消费场所，追求同样的消费符号，重构着家庭生活。家庭生活城市化存在明显的代际差异，年轻人追求同市民一样的休闲方式，如丰富的夜生活、周末自驾游、商场购物等。二是教育方式的城市化，村民与市民用同样的教育模式对子女进行教育培养。教育成本已经成为绿中村村民家庭开支的最主要方面，也是家庭经济、社会压力的最主要来源。教育城市化主要表现为村民在考取学校、校外培训、家庭陪伴等方面投入与城市市民等量的物质资源和人力资源。例如，武汉天兴洲某村民子女2019年读小学4年级期间，培优教育的总花费在2万元左右。绿中村的年轻村民普遍教育程度不高，收入不高。村民选择通过教育的方式提高下一代子女的人力资源禀赋，进而实现其就业层次和收入的提升。三是年轻一代村民更加融入城市社会交往。城市化的社会关系，如学缘、业缘、趣缘，已成为年轻村民主要的社会关系。四是年轻村民在职业选择上逐渐城市化。年轻一代尽管就业层次仍然不高，但在职业选择上却摆脱了父辈的农业生产技能和重体力劳动，更倾向于选择财务管理、咨询服务等"准白领"职业。这些职业虽收入不高，但体力强度较小，更多属于轻度脑力劳动，所需技能不是传统的农业生产技能，而是现代教育体系训练出来的能力。

3. 务实的家庭和社交关系

（1）代际关系由伦理主导转为经济互助

随着绿中村家庭生计模式由传统农业向工商服务业的转变，其家庭逐渐从一个同居共财的生产生活单位向更具自主性和独立性的生活单位转变，之前传统的大家族家庭关系逐渐弱化，原子化的核心家庭逐渐突出。父母和子女之间的伦理依附关系逐渐演变为两代人独立的原子化家庭间的经济互助关系，如老人辅助养育孙辈、给予一定物质经济支持、子女向老人提供基本的赡养义务等，代际之间相对独立，父代与子代各过各的生活，有相对独立的生活和人情。目前的代际关系是自愿的互动交往，具有"资源投入—情感反馈"的特点，代际互动即时化、日常化；代际之间的互惠性和情感性通过给予一定资源获得家庭关系的和谐。

（2）人情交往方式逐渐物质化

绿中村村民之间的人情往来、红白喜事等普遍从一种情感表达仪式转变为表演性的物质行为，从情感慰问、物质互助转变为礼金往来。普通的人情礼金每次在1000～5000元不等，每次的彩礼嫁妆、红白事举办费用已高达数十万元，给许多村民家庭造成了严重的经济负担，甚至致贫，也制约着村庄的健康可持续发展。

二、双轨式社会治理

与绿中村社会形态的"半城市化"相匹配的，是其城乡混合的治理形态。在这种治理形态中，城市与乡村两种社会治理的任务、方式与体制同时并存，可称之为双轨式社会治理。

1. 村级组织的社区化转型

现有绿中村,大多数完成了"村改居"体制转型,在尚未完成征地和拆迁的村庄,则是村庄和社区体制并行。总体来看,从村庄治理体制向社区体制转型已经比较普遍。体制转型包括如下三个方面。

一是社区基层组织体系建设。主要是基层群众自治组织的转型从村民委员会转型为社区居委会,双轨并行的村庄中则同时存在两个类型的基层组织,实践中则一般是两个机构一套班子。社区居委会和基层党组织基本延续原村委会和村级党组织的干部配置,村民小组长也得到保留。两委干部交叉任职,实际工作中并不容易区分清楚。

二是社区工作人员的职业化。与传统村干部不同,社区工作人员中的"专干"具有明显职业化特征。传统村干部属于兼业性质,俗称"不脱产干部"。其工作报酬本质上属于务工补贴,因为干部仍然要从村庄中分得土地,享受普通村民一样的集体成员权利。这些村干部也都必须是在地化的,即只能由本村人担任。社区工作人员中,除两委干部外,还有一类属于"专干",也就是专门业务的干事,可以理解为一般的办事员。"专干"实行公开招聘,基本都不是本村人,且基本都是年轻人,同民政局签订劳动合同,属于聘用人员,无须通过村民选举。其工作报酬属于工资性质,完全是脱产工作。社区专干是一种"准白领"职业,对绿中村的年轻人具有相当的吸引力。

三是社区事务的增加。由生产、生活所产生的村民对村庄的制度化关联变成了获得公共服务。村庄内需要做群众工作、涉及地方性知识、需要权威介入处理的事务越来越少。越来越多的本地人外出务工,同时村庄内部有大量流动人口,对作坊、工厂以及流动人口的管理更需要规则与法律。而涉及带有知识门槛的专业政策事务、计算机操作事务、公共服务供给、城市标准化要求的事务在不断增加。处理外生事务的知识复杂性在不断增加,老一代经验难以适应。社区事务的转型,要求年轻人主动承担。同时,由于绿中村处于中心城区边缘,村庄原本的地方性治理受到城市建成区标准化管理的约束,上级对街道有强的规制,推动了村(社区)干部的年轻化和职业化趋势。由于流动人口增加,且非正规经济活跃,村(社区)治理对象就不仅仅是拥有本地户籍的村民,而是在村(社区)中生产、生活的所有人口。村(社区)逐渐从原来的村民自治单元向一个服务供给平台转变，成为基层治理的末梢。村（社区）干部主要负责民政、医保、社保、计生等工作。消防安全和环境卫生是目前村（社区）工作的重点和难点。为了应对这方面治理任务，一些村庄还保留了治安联防队的建制，联防队队员都是本村年轻人，联防队负责人则成为村（社区）干部的重要成长平台。

双轨体制在运行中，主要依靠年轻干部与老干部的分工合作完成。中老年村干部的经验较为丰富，谙熟地方规范和村民心理，主要负责与村民沟通和协调，承担特殊性较强的治理事务。年轻村干部的文化水平较高，主要负责与政府各部门沟通和协调，承担专业性较强的治理事务。村庄内形成两套分工体系，一是专门性事务与非专门性事务的分工，社区专干主要处理专门性事务，其他村干部主要处理非专门性事务；二是在综合性事务上的合作，村庄中的一些事务既具有专门性、又具有特殊性。

2. 政经双元一体的治理架构

表面上，村级治理的组织主体是双轨并行的社区组织体系；实际上，真正主导绿中村治理的是"政经双元"的组织架构。所谓"政经双元"架构，也就是村（社区）治理组织和集体经济组织。

绿中村在村庄改制后，大多建立了独立经营管理集体经济的公司。比如，李桥村2003年成立了李桥商贸公司，长期实行与村（社区）治理组织两块牌子一套班子的架构，直到2018年换届时才实现政经两套架构的管理人员分开。陈家咀村则成立了武汉宏盛金茂有限公司，三眼桥的集体经济组织则在2015年换届时实现了政经分开。

理想意义上的政经分离，仅仅做到了组织层面上的分离，而在实际的治理实践中，非但没有分开，反而形成了密切的分工合作。这主要表现在以下几个方面：一是集体经济组织可以帮助社区解决老龄干部的安置问题，实现了社区干部的年轻化，如武汉市汉阳区陈家咀在集体经济组织成立后，社区干部队伍的平均年龄在40岁以下；二是社区的另一个属性是干部培养机构。公司为了培养接班人，将社区作为公司的人才培养基地。公司领导通过考察，将一些不错的年轻人作为后备干部安排在社区工作，通过在社区工作，年轻人可以奠定很好的群众基础，也可以磨炼年轻人的工作能力，让他们熟悉群众工作方法；三是村内重大事务还是需要集体经济组织来支持，比如安全生产、治安、渣土与违建管理等工作。在武汉三眼桥社区的调研访谈中，社区会计说："社区与公司有事一起做，实际也分不开。社区没资源，集团公司要补助。工作也分不开，三眼桥由村改过来的，集团与村民协调更方便，村民有事先找村干部，再找社区。现在基本是村的运行模式，找了社区专干帮忙做事。2015年时上级政府要求班子成员分开，想让集团发展好经济，等到集团运营起来了，会和社区分开一些，治理的工作就要放手了，但是该给支持还要给。"（表2-2）

三眼桥社区政经二元治理架构分工　　　　　表2-2

政经分离	政经合并
性质：社区—集团	治理：分工不分家
工作内容：公共服务—公共事务治理	责任：考核基本相同
管理对象：居民—股民	资源：集团公司补给
	人员：社区为公司培养人才

　　总体来看，绿中村虽然建立了基本的社区治理架构，但是由于改制后的集体经济组织与集体土地所有制的关系没有完全分离，集体经济组织在村内早已根深蒂固，长年累月影响着村（社区）的治理工作，造成了目前绿中村政经治理模糊、社区治理无序的状态，严重制约着绿中村内的城市治理效率。

第三节
绿中村在城市中的空间表征

一、城市风貌破败

在划入生态区之前，由于毗邻城市中心城区，绿中村产生了大量的内生建筑增长，其内部建设强度与城市内的旧城棚户区有所类似。以武汉市绿中村为例，绿中村内的建筑高度一般是3层或4层，建筑密度大部分在80%以上，普遍高于其他郊野地区的自然村湾（图2-6、图2-7）。村湾内由于自发和无序的建设，建筑的间距很小，"握手楼"的情况较多，建筑肌理杂乱无章，通风和日照不佳（图2-8）。

绿中村内的建筑普遍为2000年以前建成，建筑以混合、框架、砖瓦结构为主，年久失修，破旧不堪（图2-9）。质量差的建筑占总建筑数量的比值为建筑破旧率，如武汉市洪山区李桥村、先建村的建筑破旧率分别为54%、85%（图2-10）。

在周边自然环境风貌方面，绿中村位于周边生态环境较好的区域，其内部原有与环境和谐的乡土风貌被村民早期的无序建设破坏，村庄风貌与周边生态风貌产生了极大的不协调（图2-11、图2-12）。

同时，在周边建筑环境风貌方面，部分绿中村杂乱无章与周边新建地区高楼林立的景象相比，在形象和天际线上形成了强烈的反差和不协调（图2-13）。

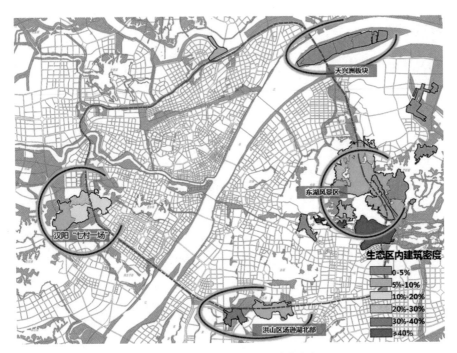

图2-6 绿中村在生态区内的建筑密度

图2-7 武汉市洪山区李桥村（左上）、马鞍山景区（右上）、汉阳区快活岭
（左下）、汉阳区永丰村西都陈（右下）影像图

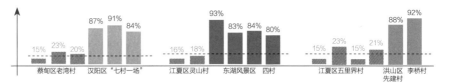

图2-8 武汉绿中村与远郊自然村湾建筑密度对比

图2-9 绿中村内建筑情况

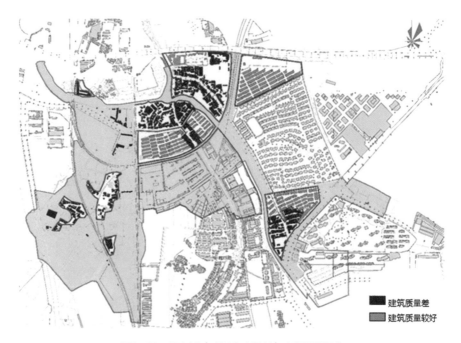

图2-10 绿中村（武汉市李桥村）建筑质量评估

图2-11　绿中村内外风貌不协调

图2-12　东湖风景区湖光村

图2-13　洪山区李桥村景象

二、环境品质落后

2000年以前绿中村的无序建设大幅度挤压了生态空间，近年来又缺乏规范治理，导致生态污染日益严重，市政基础设施承担压力逐渐增大，绿中村内的环境质量日益下降。

1. 市政基础设施与城市相比极度落后

城市基础设施升级尚未随建成区的扩展而覆盖绿中村区域，绿中村内现有的市政基础设施质量相对比较落后（图2-14、图2-15）。部分村庄未覆盖燃气、给水管网，村民日常生活难以得到保障。雨水、污水处理等设施老化，并常常是雨污合流，环境质量较差。对比绿中村与主城区的给水排水管网密度、供气管网密度，绿中村内的设施覆盖率远远低于主城区的水平。同时，村集体建设的基础设施标准低，维护投入少，公共服务极度匮乏（图2-16）。

绿中村内路网覆盖程度远远低于生态控制线外水平，内部道路未融入城市道路体系（图2-17），存在大量断头路（图2-18）。并且村庄内部道

图2-14 村内供气依赖煤气罐人工运输

图2-15 雨污合流的排水系统老化

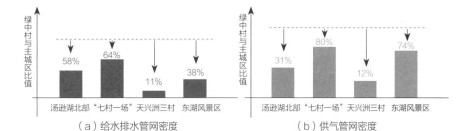

图2-16 武汉绿中村与远郊自然村湾管网密度对比

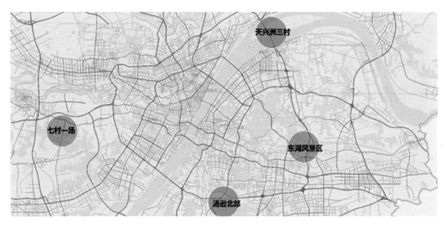

图2-17　绿中村未融入城市道路网络体系

图2-18　绿中村内部道路

路狭窄，不成系统，停车位严重不足，路面停车占道现象突出，给消防、救护车进入造成困难，存在较大的消防安全隐患。人车混行现象更是普遍，缺乏相对独立成系统的慢行系统。

2. 景观品质与城市相比较低

一方面，绿中村内绿化空间与城市建成区不协调。通过街景数据之间的对比可以发现，武汉主要绿中村区域的绿视率远低于主城区绿视率平均

图2-19 绿中村内绿化基本不存在

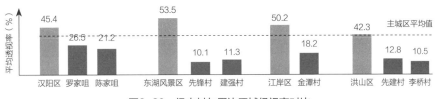

图2-20 绿中村与周边区域绿视率对比

值（42.1%），表明绿中村的绿化空间严重不足，村民生活环境质量不高（图2-19、图2-20）。少数村中有道路绿化和少量集中绿地，且绿化树种单一。建筑屋顶、阳台绿化率很低，部分乱搭乱建。大部分绿中村内没有集中的公共绿地，仅在工业厂房外围种植了一些树木植被。而且，在建设中缺乏对雨水排涝的考虑，缺乏具有调蓄功能的绿化，村里部分地区在暴雨天气容易积水形成内涝。

另一方面，绿中村内绿化空间与周边紧邻的绿地、公园不协调。绿中村内部绿化稀少，但往往在绿中村所在的村域范围外，周边是大片成规模的绿化或生态空间，与绿中村内部形成了鲜明的对比。

3. 内部生态环境与城市相比污染严重

由于城乡二元的管理体制，环卫管理力度较弱，极易形成污水乱排、渣土倾倒、生活工业垃圾乱扔等破坏生态环境的情况。同时，绿中村村民的环保意识不强，生活、生产形成的污染物乱排乱放（表2-3、图2-21）。这两者叠加形成的一个很显著的后果是，绿中村周边水体的环境污染相当严重，城市生态功能框架难以全面实施，生态保护作用名存实亡。

绿中村污染情况统计表　　　　　　　表2-3

绿中村板块	生态资源	生态区建筑密度（%）	生态污染情况	水体污染指数
天兴洲板块	长江、天兴洲内心岛	1.7	生活污水、农业污染	长江：二类水质
先建村、李桥村	汤逊湖绿楔、野芷湖、黄家湖	7.6	生活垃圾零散工业污染	野芷湖：劣五类、黄家湖：劣五类
东湖风景区	东湖风景区、东湖绿楔	16.4	生活污水垃圾	劣四类
汉阳"七村一场"	龙阳湖、知音湖、三角湖	18.2	生活垃圾零散工业污染	龙阳湖：劣五类；知音湖：劣五类；三角湖：劣五类

临府河垃圾堆积如山　　　李桥村砖石废弃物　　　渣土倾倒破坏生态环境　　　生活、工业污水导致汤逊湖水体恶化

图2-21　绿中村内生态污染

三、土地功能孤立

　　绿中村位于城市中心城区行政区内，大量的绿中村内现状土地功能以未利用地、农田、集体建设用地等为主，与周边现代城市功能，如工业用地、居住用地和商业用地犬牙交错，形成了强烈反差（图2-22、图2-23）。

四、土地效益低下

1. 与周边城市建设用地相比，绿中村土地改造前普遍利用效益不高

　　绿中村的村集体经济状况与其依赖的主导经济资源密切相关，其中最主要的经济资源是土地资源，这是由绿中村特殊的城市区位决定的

图2-22　绿中村与周边区域现状用地功能

图2-23　绿中村与周边城市空间

（表2-4）。一般而言，村庄经济与土地的黏性高，村庄经济发展较好，反之则较差。受周边城市经济的比较效益驱动，绿中村的农业生产水平普遍不高。此外，生态准入管控要求下，绿中村均不能参照一般城中村在村域内进行大规模的工业生产和商业开发。从经济运行模式看，原农村社区依旧是自负盈亏的经济实体，除政府少量补贴外，社区要负担其全部事务开支。随着生态控制的实施，土地开发受到严格制约，致使生态控制线内社区已建成或计划待建的开发项目得不到合法批复，企业因手续合法化受阻而搬离，使其失去了大量的租金和分红，商业、服务业收入也随之锐减。

这导致多数绿中村经济处于疲软状态，土地闲置，经济与土地资源黏性不强。

武汉市部分绿中村经济状况　　　　　表2-4

绿中村板块	经济表现	主导经济资源
洪山区天兴洲	较差	生态农业资源
汉阳区"七村一场"	较差	土地征收补偿、土地出租
洪山区先建村、李桥村	一般	土地征收补偿、土地出租、水产养殖业

以武汉市天兴洲、"七村一场"为例，村集体经济主要依赖城市市政基础设施的土地征地补偿和小作坊出租招商收入，其规模和体量都比较小，无法形成较高的经济效益，土地空间资源的经济转化效率比较低（图2-24）。

图2-24　武汉市绿中村内小作坊

以武汉市"七村一场"区域为例，其主导产业以低端加工制造业及农业、水产养殖业为主，产业规模小、缺乏特色，效益不高。区域用地约占汉阳区面积的1/5，其产值仅占汉阳区总产值的1.0%（约6.5亿元），目前众多中小企业专业化特色发展不突出，企业分布比较分散，集聚效益不高，先建村、李桥村每平方千米土地的经济产出效益值仅有0.55亿元、0.42亿元，远低于洪山区、江岸区、武汉市主城区的经济产出效益（图2-25）。生态控制线内外的土地效益反差较大。

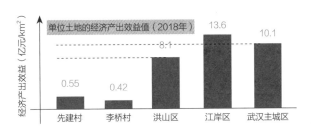

图2-25　武汉市绿中村与城区单位土地经济产出效益对比

2. 与周边城中村相比，绿中村生态控制线内和线外土地效益反差较大

　　以深圳市光明新区生态控制线内的红星、玉律和楼村社区的经济收益变化为例，在控制线划定之前它们依靠出租社区集体物业，经济收益逐年增加；控制线划定之后，经济体陆续撤出，大量厂房、商铺空置，经济收益逐年锐减。生态控制线内外的土地效益形成巨大反差（图2-26）[①]。

　　同样的情况也发生在深圳市麻勘村等绿中村。根据相关研究调查，这些绿中村主要依赖出租经济，其收入渠道较为单一，生态控制线内股份公司普遍经营状况差，股民分红较低（图2-27）。以2016年村股份合作公司年人均分红为例，位于生态控制线内的麻磡村为1万元、大水田村为0.6万元、黄麻布村为0.3万元、金龟村为0.1万元，而线外的凤凰村为2万多元、南岭村为2.5万多元，相差悬殊[②]。

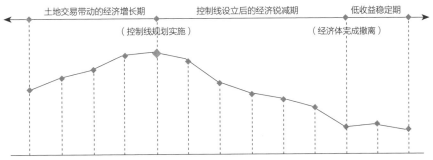

图2-26　深圳市基本生态控制线内社区（村庄）的经济变化趋势

资料来源：孙瑶，马航，邵亦文. 走出社区对基本生态控制线的"邻避"困局——以深圳市基本生态控制线实施为例［J］. 城市发展研究，2014，21（11）：11-15.

[①] 孙瑶，马航，邵亦文. 走出社区对基本生态控制线的"邻避"困局——以深圳市基本生态控制线实施为例［J］. 城市发展研究，2014，21（11）：11-15.

[②] 陈佳佳. 城市生态控制线内村庄更新对策探讨——以深圳市为例［D］. 重庆：重庆大学，2018.

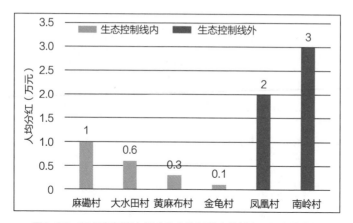

图2-27 2016年深圳市部分生态控制线内外村庄股民人均分红

资料来源：陈佳佳. 城市生态控制线内村庄更新对策探讨［D］. 重庆大学，2018.

第四节
绿中村与城市的互动关系

一、互动关系的主要特点

综上所述，绿中村和城市之间的关系是共生而不协调的关系。绿中村和城市在发展过程中经历了从互不干扰到开始接触再到产生冲突三个阶段，在此过程中也形成了绿中村与城市的互动关系。

1. 城市对绿中村的影响

（1）前期增量城市建设割裂了传统村落导致空间衰败

从空间形态看，原来完整的村落形态已被城市扩张所肢解，并在城市建设的切割和渗透下变得支离破碎，呈斑块状散布于生态控制线内。例如，位于武汉市汉阳区三环线两侧的汤山村（图2-28、图2-29），其空间形态2007年时还是完整的传统村落形式，是自然地沿着村庄道路和河湖岸线生长，经过13年的周边城市建设与发展，部分村落空间已经完全萎缩。受其影响，内部也形成大量无序蔓延的空间肌理。

（2）生产、生活方式"半城市化"引发绿中村社会结构分解

周边区域已完成城镇化改造，城市生活方式、经济逐步渗透绿中村，绿中村村民大部分完成改居改制工作，但土地仍是集体土地，周围环境仍以自然生态为主。村民融入城市化生活、生产方式之外，仍保留部分农业生产、生活传统。

图2-28　汤山村2007年影像图

图2-29　汤山村2020年影像图

　　周边丰富的城市生活方式对农村居民有着巨大的吸引力。一方面，城市中多样的经济文化生活是传统乡村所不能比的，城中村的居民可以在周边地区消费更多的服务产品，其生活方式已经城市化；另一方面，农业生产的附加值远低于非农产业，城中村的居民以及聚居在城中村的外来流动人口，可以在享受城中村低廉房租的同时，在周边地区就近就业，就业或生产方式也逐渐城市化。

　　传统的乡土文化是建立在传统的生产、生活方式以及特定的社会生活网络之上，城市的快速发展对传统的生产、生活方式造成影响的同时，也冲击着传统的乡土文化。按照绿中村文化仪式的留存程度、互相攀比现象、人情来往规则以及邻里关系的和睦程度对村庄乡土文化进行分类评价（表2-5），将武汉市绿中村分为文化开始衰退、文化衰退严重两种类型。绿中村内文化仪式普遍从一种情感、价值式行为演变成一种表演性的行为，文化无机化现象严重。

绿中村内文化状况评估　　　　　　　　　　表2-5

绿中村板块	文化仪式	攀比浪费	邻里关系	文化状况
天兴洲板块	市场化	较多	矛盾较少，逐渐疏离	衰退严重
先建村、李桥村	市场化	一般	矛盾较少	衰退严重
东湖风景区	市场化	较少	矛盾较少，关系和睦	开始衰退
"七村一场"	市场化	较多	矛盾较少，往来减少	衰退严重

（3）城市非正规经济向绿中村集聚转移

非正规经济降低了城市人力资源成本，带来了经济活力。作为一种管理制度之外产生的没有记录和审查的经济活动，非正规经济是生产活动分散化和再组织的结果。一方面农村人口不断向城市集聚，另一方面城市市政基础设施、就业数量难以满足城市外来人口增长的需求，由于缺乏相应的就业机会，从而导致外来人口为谋生计到非正规经济部门工作[①]。尽管缺乏良好的就业环境和相应的社会保障，非正规就业与经济在一定程度上解决了城市就业难题，提供了廉价能支付的居住空间。

绿中村承接城市外溢的低端产业。根据列斐伏尔提出的空间生产理论，现代城市空间生产受资本力量的主导[②]。城市中各大商圈、地产楼盘逐步兴建，取代城市中原有的大众化、非正规的空间。而这些空间只能逐渐在城市化发展的过程中向外辐射，向生活成本较低、有空间载体的城中村和绿中村转移，导致了经济的分散化和产业的低端化。

（4）初步改制使绿中村管理模式有所转变但不彻底

由于经济发展水平较低，村庄管理水平不足，流动人口占比越来越

---

① 林雄斌，马学广，李贵才. 快速城市化下城中村非正规性的形成机制与治理［J］. 经济地理，2014，34（6）：162-168.
② 郭文. "空间的生产"内涵、逻辑体系及对中国新型城镇化实践的思考［J］. 经济地理，2014，34（6）：33-39，32.

大，绿中村村庄内或多或少地存在一些违法犯罪活动。人群主要以年轻人为主，主要的犯罪类型有吸毒、借贷、赌博等。以武汉市为例，按照绿中村内治安水平和违法犯罪行为的多少，对绿中村的治安情况进行分类（表2-6、图2-30）。

绿中村内总体治安状况评估　　　　　　　　　　表2-6

绿中村板块	吸毒	借贷	赌博	总体治安情况
天兴洲板块	√	√	√	较差
先建村、李桥村		√	√	一般
东湖风景区			√	较好
汉阳"七村一场"	√	√	√	较差

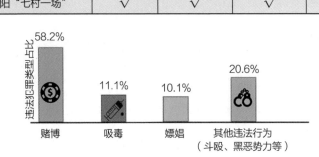

图2-30　武汉市绿中村违法犯罪类型占比（2014—2018年）

2. 绿中村对城市的影响

（1）影响城市整体品质面貌

绿中村原来完整的村落形态被城市扩张"肢解"的同时，绿中村内无序建设形成的空间肌理也反过来影响着周边区域的城市景观风貌。城中村在空间形态上与所处区域的其他城市建设形成了强烈的对比。由城中村而产生的城乡交错的现象严重影响了城市建设的质量，造成城市发展在空间和风貌上的无序与混乱。

（2）生态框架实施困难

绿中村位于城市的基本生态控制线内（图2-31），基本生态控制线划定之初就有保障城市基本生态安全，维护生态系统的科学性、完整性和连续性的要求[①]。现在绿中村内违章建筑多，拆除难度大，严重影响了城市整

---

① 罗巧灵，张明，詹庆明. 城市基本生态控制区的内涵、研究进展及展望［J］. 中国园林，2016，32（11）：76-81.

个的生态功能完整性和连续性，造
成城市生态框架构建时实施困难。

（3）生态环境被破坏

绿中村内大量建筑以及大量人
类活动，对自身及周边的生态环境
造成了较大破坏。研究表明，农村
乡镇企业发展、乡村就地城镇化以
及人口聚居程度等因素对农村生态
环境有明显负面影响。除了工业污
染以外，大量对空气、土壤、饮用

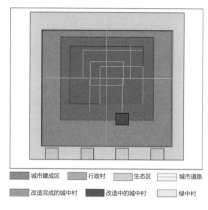

图2-31 绿中村分布在城市生态区

水、河湖水的污染均来源于村民的日常活动[①]。而绿中村分布在基本生态控
制线内，对这些生态环境敏感、生态价值重大的地区产生了更直接、更深
远的影响。

二、自然演变前景预期

在当前空间管制的背景下，如果无法找到突破传统开发方式的新发展
路径，对绿中村的恶性自发生长的情况不加以积极干预和系统性规划，其
前景演变预期如下。

首先，绿中村内仅存的部分农业产业由于"半城市化"的渗透而逐渐
消亡，绿中村内产业经济会进一步衰退。一方面，有关农业的基础建设投
入逐渐停滞，农业生产的市场效益逐渐降低，城市中市场就业机会逐渐增
多，在双向推拉力共同作用下，绿中村农业生产活动将逐渐减少；另一方
面，在绿中村内的非农产业方面，相关企业、公司因为不能实现合法化经
营，将会逐步退出生态控制区范围中的绿中村。绿中村内的非正规经济难
以形成规模效应和集聚效应，始终摆脱不了低端、不合规的桎梏。绿中村
内的出租经济和非正规就业将进一步萎缩，绿中村内以其为生计的村民生
存环境更加恶劣。

其次，在绿中村人居环境中，在城乡二元管理体制下，各类市政基础

① 黄季焜，刘莹. 农村环境污染情况及影响因素分析——来自全国百村的实证分析 [J]. 管理学报，
 2010, 7（11）：1725–1729.

设施会更加无法满足村民需求，绿中村的环境质量日益下降，消防、治安等涉及人身安全方面的问题突出，生态环境污染进一步加剧。绿中村在无法满足村民日常生活需求的同时，对于城市发展来说也会成为沉没成本日益增加、无法甩脱的包袱。

最后，随着绿中村内人口及劳动力的逐步外流以及人居环境的持续恶化，绿中村内家庭积累资源能力强的会到城区内购买住房，绿中村内的青壮年外出到周边地区打工，留下老人或子女在绿中村内，形成实质的空心化。此外，城市为了落实生态保护以及生态功能完善，就需要加快对绿中村进行改造。随着时间的积累，绿中村内潜在的问题不会自然消解，只会逐渐恶化。最显著的就是村民对拆迁暴富的预期愈发扩大，对补偿的心理会逐渐发酵，对城市政府来说，为实现生态文明和高质量发展所付出的各类成本会被逐步推高。同时，生态环境的恶化也容易进入难以逆转的境地。

第三章

绿中村的未来发展价值导向思考

第一节

城中村（绿中村）改造的内涵

一、城中村改造的概念

1. 改造的范畴

城中村改造是政府为了实现空间、经济、社会、民生多方面提升，以城市中的农村土地、房屋等为对象，进行包括物质空间面貌和功能的改造以及社会和经济关系改制的一系列活动。

（1）物质空间层面的改造

城中村改造中最关注的问题是城中村的物质空间形态方面的改善，即希望通过城中村改造改善城中村内现有的建筑密度大、质量差、居住环境恶劣等一系列空间形态和物质面貌。在这个过程中，土地的权属从农村集体所有变为国有建设用地，相应的土地用途从传统的农业生产、生活功能变为和城市相关的生产、生活功能，而这些土地上的建筑则从原有破败的空间形象变为全新的空间形象。以上一系列改造最终实现原城中村居民人居环境和生产就业的改善、村域土地功能的完善以及土地效益的提升。

（2）社会、经济关系层面的改制

城中村的改制层面旨在打破城乡二元体制的"隔阂"，实现城市和城中村两者在社会、经济、保障等各方面的协调发展。

首先是经济层面的改制，通过以村委会班底为核心将集体经济组织转变为村民共有的集体经济股份公司。村民也从身份上转换为股民，获得集体经济所产生的红利，也可以在集体经济公司内上岗就业。通过经济改制，各城中村实现了经济效能上的彻底改变，改变了城中村对城镇化和工业化发展的掣肘局面。十余年来，城中村改造已成为城市发展的重要增长点，是国家土地制度改革，提升城市品质，推进新型城镇化的重要组成部分。

在社会保障层面，我国长期以来实行的是城乡二元体系，即对城市劳动者实行社会保险为核心的社会保障制度，而对农村农业劳动者实行以新型农村合作医疗和家庭保障为主、社会救济为辅的保障制度。在城中村改造中，村民已改制为城市居民，只有将其统筹纳入城市社会保障体系，才能实现其民生改善和维护社会稳定。

2. 改造政策引导

城中村改造和城中村的发展是伴随而行的，城中村改造作为我国城市更新的一部分被认为始于20世纪70~80年代，即城中村起步形成阶段。但由于实践时间不长，我国在法律制度层面尚无专门针对城市更新或城中村改造的单行法律。现行城中村改造主要法律依据有两点：一是在城中村改造层面，《中华人民共和国城乡规划法》第三十一条关于旧城区改造的原则性规定："旧城区的改建，应当保护历史文化遗产和传统风貌，合理确定拆迁和建设规模，有计划地对危房集中、基础设施落后等地段进行改建。"二是在土地和房屋征收层面，《国有土地上房屋征收与补偿条例》第八条规定："政府依照城乡规划法有关规定组织实施的对危房集中、基础设施落后等地段进行旧城区改建的需要，……由市、县级人民政府作出房屋征收决定。"

为应对相应法律法规上的空白，地方相应推出了一系列地方法规和政策文件保障城中村改造的顺利进行。以武汉市为例，分为2004~2009年、2009~2013年、2013年以后三个时间段的政策内容及导向。

2004~2009年，以《中共武汉市委、武汉市人民政府关于积极推进"城中村"综合改造工作的意见》（武发〔2004〕13号）为标志，地方政府明确了城中村改造工作的范围、步骤、政策、措施以及组织领导和工作要求，并明确了城中村改造的模式，即通过安排产业和居住的还建来优先解决村民的安居就业等民生问题，对于腾退的空间，落实城市公益性功能，并通过剩余规划经营性用地的开发来实现城中村改造的经济平衡和城市经济效益的提升。

2009～2013年，以《武汉市人民政府办公厅关于进一步加快城中村改造建设工作的意见》（武政办〔2009〕36号）、《武汉市人民政府关于进一步加快城中村和旧城改造等工作的通知》（武政〔2009〕37号）为标志，地方政府规范工作机构、职责和工作程序。进一步优化细化了改造的安置和补偿的标准，并加快了城中村改造的进程。

2013年以后，以《中共武汉市委、武汉市人民政府关于加快推进"三旧"改造工作的意见》（武发〔2013〕15号）为标志，立足于城市系统更新，城中村改造被统筹纳入"三旧"改造的范畴，作为区域整体更新的一部分，推动实现城市功能区的建设和城市品质的提升。

其余城市也同样在类似时间段出台了相应的地方政策及规定，如2007年的《西安市城中村改造管理办法》、2009年的《深圳市城市更新办法》、2009年广东省的《关于推进"三旧"改造促进节约集约用地的若干意见》（粤府〔2009〕78号）、2012年的《珠海市城市更新管理办法》以及2015年的《上海市城市更新实施办法》。

二、城中村改造的主体

城中村改造涉及的主体一般分为政府、开发商和村集体三方，考虑到全国范围内城中村不同的改造方式以及三者之间的互动关系，将城中村改造的主体重新定义为责任主体、投资主体和权益主体。

1. 责任主体

责任主体在城中村改造中指城市的管理方，即地方政府，涉及区、市等行政管理机构。作为城中村改造中的责任主体，其责任是对城中村改造中的一系列行为进行规范和管理。责任主体在城中村改造的系统工程中应该充分发挥组织、管理、指导、监督和服务的职能作用，扮演好国家公共行政权力管理者和城市公共产品管理者这两个角色，为城中村改造创造良好的外部环境。具体而言，责任主体不仅在政策制定层面确定了城中村改造的各方面规则，而且是制定并指导实施具体的城中村改造规划的主体。责任主体通过这一系列行政管理手段，调节和协调投资主体、权益主体之间的利益分配。作为城市公共利益的代表，其核心需求是城市公共利益得以体现以及城市发展中涉及的经济、社会、文化、生态、空间等各方面功能得以提升。同时，责任主体也希望通过实现城市土地资产效益最大化来获得部分土地增值收益以保证城市整体的可持续发展。

2. 投资主体

投资主体在城中村改造中是指对改造提供资金等资源支持的一方。在不同的改造方式中，投资者的角色不同，如在政府统征储备的城中村改造方式中，政府既是责任主体也是投资主体；在村集体自行改造的城中村改造方式中，村集体既是权益主体也是投资主体；在市场参与城中村改造的改造方式中，开发商或企业就是投资主体。投资主体的主体责任是提供改造所需的资金，做好村民、村集体等权益主体的补偿工作，做好社区重建工作。投资主体的核心需求是通过投资谋取更大的经济利益，包括经济利益、可持续发展的空间利益等。根据投资主体角色的不同，其建设目标和结果影响也有所不同。

3. 权益主体

权益主体指拥有土地、房产等改造对象所有权益的一方，在城中村改造中指村民或村集体（图3-1）。作为城中村改造中较被动的一方，权益主

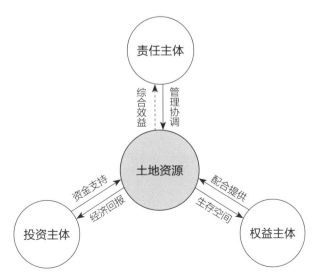

图3-1　以土地资源为载体的改造主体互动关系

体的责任主要是在合理的改造基础上接受并配合实施，并积极参与社区重建工作。权益主体的核心需求是争取城中村改造中土地增值部分收益，获得合理的土地和房屋补偿，实现长远的社会保障以及改善居住环境、提升生活品质等。

三、城中村改造的模式

城中村的改造主要涉及政府引导作用、改造形式、改造主体、筹资方式、拆迁补偿方式、土地权属变更、管理体制变更等诸多要素，这些要素的不同组合，以及现状城中村的空间品质、规划管控情况、发展定位情况，形成了一些比较典型的城中村改造模式①，主要可以分成地产开发、统征储备和综合整治三种模式。

1. 地产开发模式

地产开发模式指的是，城中村改造方案由地方政府公布，并将经营性开发用地纳入公开市场"招拍挂"，并要求摘牌单位承担落实还建用地建设和公益性规划控制用地整理的义务（图3-2）。

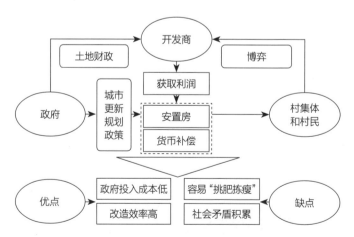

图3-2　地产开发（地产商）城中村改造模式逻辑框架

资料来源：叶裕民. 特大城市包容性城中村改造理论架构与机制创新——来自北京和广州的考察与思考［J］. 城市规划，2015，39（8）：9-23.

---

① 袁伟. 我国城中村改造模式研究［J］. 华东经济管理，2010，24（1）：60-62，67.

　　这类改造模式适用于城中村改造中经营性用地较多，城市管理者对改造的地区没有特殊规划意图的城中村。该类城中村改造以市场化方式来运作，改造方式为拆掉旧村彻底重建，建设商品房和品质较高的安置房。拆迁补偿方式为实物补偿为主、货币补偿为辅。

　　这类模式的优点是效率高，政府投入成本低，使得有限的财政资金可用于需要改造的公共基础设施建设；缺点是"挑肥拣瘦"，容易将经营性用地较少的城中村遗留下来，导致城中村社会矛盾和政府治理困难的累积。

　　在地产开发模式中也有以村集体改制公司为开发用地摘牌企业的现象（图3-3）。此类情况下，主要是村集体改制公司资金实力雄厚或通过土地和集体资产抵押或出售工商业项目预期收益等方式，依靠市场向社会筹集资金，自主进行集体土地的改造和开发。

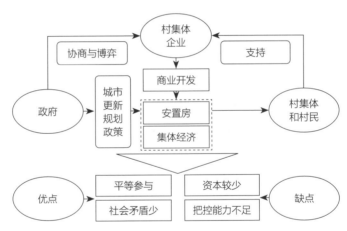

图3-3　地产开发（村集体）城中村改造模式逻辑框架

资料来源：叶裕民. 特大城市包容性城中村改造理论架构与机制创新———来自北京和广州的考察与思考［J］. 城市规划，2015，39（8）：9-23.

　　这种方式的优点是效率高，村民享有平等参与拆迁补偿方案制订等民主权利，并且调动了村民改造的积极性，基本没有"钉子户"现象，同时，也理顺了城中村改造活动中政府、村集体和村民之间的关系，政府在其中只充当指导者。缺点是资本相对于大型房地产企业可能不足，对未来把控能力及前瞻性不足，导致低端改造、低层次发展，土地利用效率和非户籍常住人口问题持续积累，可能付出更高的再改造成本。

2. 统征储备模式

统征储备指的是由政府确定规划、制定政策、调控土地市场，把整个城中村改造区域的土地纳入土地收购储备轨道，实行拆建分离（图3-4）。在城市规划管理中的具体流程是：根据上位城市规划，利用城中村村域内规划的居住、商业、工业用地等土地资源，优先安排改造所需的还建及产业，并通过经营性用地出让来获得土地收益，剩余的土地用于安排城市公益性设施和基础设施，从而建立土地运营和城市建设的循环机制。

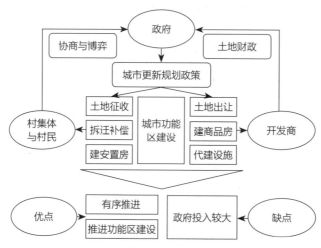

图3-4 统征储备城中村改造模式逻辑框架

资料来源：叶裕民. 特大城市包容性城中村改造理论架构与机制创新——来自北京和广州的考察与思考［J］. 城市规划，2015，39（8）：9-23.

这类模式适用于公益性用地较多、经营性用地较少的城中村改造。处于重点功能区内的城中村改造往往与城市发展关系重大的战略性规划、重点建设项目结合推进。前期土地整理和征收补偿主要由地方政府出资，地方政府在改造中起着主导和具体实施作用。市政府负责城中村改造政策和规划制定，区政府统一运作、统筹平衡本区城中村改造。城中村改造资金来源统一在区级城中村改造资金中安排。在体制变更方面有撤村（委会）建居（委会），村民变市民，集体经济组织改股份公司、村民变股东等。

政府为改造主体进行城中村改造的优点是政府可以控制改造过程并得到土地收益，可以整体有序地推进城中村改造，整合有限的土地资源，落实规划意图，推进城市功能区建设，改善城市整体环境；缺点是政府前期投入成本高，在财政上有一定的压力。

3. 综合整治模式

　　城中村改造中的综合整治指的是，基本不涉及房屋拆建，主要包括改善消防设施、改善基础设施和公共服务设施、改善沿街立面、环境整治和既有建筑节能改造等内容，但不改变建筑主体结构和使用功能。综合整治类更新项目一般不加建附属设施，因消除安全隐患、改善基础设施和公共服务设施需要加建附属设施的，应当满足城市规划、环境保护、建筑设计、建筑节能及消防安全等规范的要求。

　　这包含了两种情况，一种是城中村内部村湾的建设品质较高，风貌与周边城市区域较为协调，适用于城中村综合整治模式，如武汉市罗家墩村（图3-5）；另一种在我国部分发达地区较为常见，由于此类地区的拆建强度已极高，传统的拆除重建模式已无法持续，面对城市储备用地不足的现状，想要满足广大市民根本上的住房需求，仅靠价格高昂的楼盘开发和供不应求的政府公租房是远远不够的。

　　城镇化高速发展中的深圳市就面临这样的问题。2019年深圳市规划和自然资源局正式发布《深圳市城中村（旧村）综合整治总体规划（2019—2025年）》，划定全市的综合整治用地规模为55km^2，被划定为整治分区范围内的用地不得纳入拆除重建类城市更新单元计划、土地整备计划及棚户区改造计划，即无法再进行传统的拆除重建。换句话说，对于深圳市的城中村而言，起码短时间内综合整治的大幕已经拉开。

图3-5　罗家墩村城中村综合整治

第二节
城中村改造的反思

一、经验和效果

1. 城市社会民生方面

（1）改制工作完成，居民社会福利有保障

大部分城中村改造工作实现了居民社会福利条件的改善。截至2020年，武汉市已完成110多个城中村改造，所有城中村均已全部完成村集体经济改制、村民户口改登工作，村委会转变为新社区居委会，村民都参加了城镇社会养老保险，转为城市居民，享受与城市居民有关的优抚、社会救助等政策，村民生活得到了保障。通过村集体经济改制，村民变股民，不仅靠工作可以获得收入，每年还可以获得村集体的股利分红，收入明显提高。

（2）旧村变新楼，居民生活条件得到完善

改善物质空间的环境形象是城中村改造的基本目标。自武汉市城中村改造工作开展以来，改造旧村湾建筑面积达2300余万平方米，涉及约6万户；新建村民社区开工总面积约900万m^2，竣工面积约400万m^2，截至2012年底，全市约1.8万户、4万多名村民如期入住新建村民社区。

2. 城市功能方面

（1）腾退土地，支撑城市空间发展

2004～2012年，武汉市二环线内城中村改造工作不仅消除了众多"三合一"集聚地和消防隐患，而且整合了土地资源，提高了土地使用效益，拓宽了城市发展空间，提升了城市整体功能，为武汉市城市建设与快速发展作出了巨大贡献。通过改造，二环线内城中村共计腾退开发用地面积约13.7km²，腾退政府储备用地约11.6km²，腾退规划控制用地面积约19km²，为中心城区提供了大量土地资源，发挥了城市土地的集聚效应。改造工作优先保障城市绿化、教育、医疗、体育、交通和市政等公益性设施用地，保证了各项城市规划功能的落实，重塑了区域城市景观。近两年全市新建公共绿地中，约70%来自城中村改造后腾退用地。

（2）落实重点功能，形成带动辐射效应

改造后的乡村集体用地成为城市建设用地，用于发展农业生产的用地也转变为用于落实城市商务、商业、科技研发等重点功能的用地。土地使用方式的转变直接使得土地价值和利用率翻倍提高，城市管理者的发展战略意图也得到落实，城市在经济发展上受益明显。

改造过程带动、催生城市功能区和重点工程项目建设。城中村改造为杨春湖、园博园、竹叶海公园、巡司河中段、武汉国际博览中心等城市功能区和楚河汉街、华侨城欢乐谷等重大项目的建设提供了有力的支撑，有力支持了武汉大道、东沙湖连通工程等全市一批有影响力的大型重点工程项目的建设，极大地提升了城市整体实力（图3-6、图3-7）。

3. 城市形态方面

（1）景观品质提升，空间形象焕然一新

政府在城中村改造过程中首先考虑的是保证公共利益得到落实，从城市整体需要出发，保障城市公共性资源得到合理利用，如城市开放性公园、民生市政工程设施等。通过拆除村庄破旧建筑消除了城市破败的空间形象，在有条件的区域，政府通过规划控制，将拆除后的一部分用地用于城市公园、教育、医疗等设施的建设，进一步提升了城市总体景观、形象、品质。以武汉市为例，城中村改造工作优先保障城市绿化、公共服务

图3-6　城中村改造前的武汉市姚家岭村

图3-7　武汉市余家湖村、三角路村、姚家岭村三村城中村改造后的重大项目——楚河汉街

和市政等公益性设施用地，基本保证了各项城市规划服务型功能的落实，重塑了区域的城市景观形象。尤其是在邻近湖泊、河流等重要景观资源的区域，武汉市政府积极留存城市公园的用地空间，如武昌区的余家湖村，在改造后建成了景色优美的沙湖公园，满足了周边近10万名居民的游憩、休闲、运动需求（图3-8）。

（2）空间肌理规制，从无序走向有序

城市由自发无序、杂乱的空间肌理转向规整有序的各类城市空间肌理。通过城中村改造规划，城中村区域内空间肌理从破碎化走向规整化，从零散无序走向集中有序，除必要的各类公益性设施及建筑的建设外，城市的空间肌理从城中村的低层高密度转向高层低密度（图3-9）。

图3-8 武汉市余家湖村改造后的沙湖公园

图3-9 某城中村改造前后的对比

4. 城市经济方面

土地是城市经济发展的引擎，城中村改造为土地市场提供了大量优质的可建设用地，推动了城市经济的发展，带动了上下游行业各类产业链的发展。

（1）土地交易市场的重要补充，城市经济整体提升

以武汉市为例，从2004～2014年11年间的国民生产总值从1956亿元增长到10069亿元，年平均增长率17.8%（图3-10）。同期的城镇投资额从796.7亿元增长到35578.8亿元，增长了8倍左右。11年间的土地成交宗数、土地成交面积、土地成交规划建筑面积以及土地出让金也年年翻新高，分别增长了7倍、11倍、8倍以及9倍（表3-1）。据不完全统计，2004～2014年间城中村土地项目占土地交易市场的主要部分。仅2010年一年，城中村地块净出让规模超过400hm^2，可建规模超过1500万m^2，约占2010年全年土地出让规模的1/3。

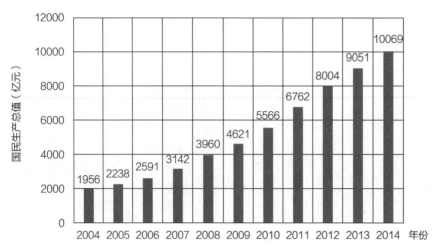

图3-10   2004～2014年武汉市国民生产总值

数据来源：国家统计局

2004～2014年武汉市土地成交信息   表3-1

年份（年）	土地宗数	建设用地面积（hm²）	规划建筑面积（万m²）	土地出让金（万元）	城镇投资（亿元）
2004	52	228.0	661.1	72.6	796.7
2005	35	180.6	554.7	100.3	1024.0
2006	66	251.0	701.0	81.8	1297.1
2007	111	778.7	1595.1	332.9	1687.1
2008	192	739.6	1061.2	86.6	2202.4
2009	361	2350.6	4173.8	356.3	2921.8
2010	481	3070.4	6244.3	836.3	3651.4
2011	488	2652.5	5063.1	590.3	4177.6
2012	553	3181.0	7673.8	956.8	4962.8
2013	532	2642.4	5802.2	740.0	5950.3
2014	386	2534.1	5727.4	678.5	6907.7
总计	3257	18608.9	39257.7	4832.4	35578.9

数据来源：国泰安CSMAR数据库

（2）集体经济改制，村集体收入大幅度提升

村集体土地性质的改变进一步刺激了村集体经济改制解套，给村集体和个人带来直接的经济收益。武汉市城中村改造启动的8年（2004～2012年），为中心城区提供了大量土地资源，发挥了城市土地的集聚效应。各村改造

通过规划集并产业用地和股份企业改制，大力推动产业升级，淘汰低端产业，开创新型业态，强化造血功能。

武汉市7个中心城区的168个村中有115个村集体经济改制，资产总额成倍甚至十几倍增长。如江汉区航侧村成立航侧实业公司，改制前净资产总额为1.37亿元，改制后总资产攀升为5.64亿元，翻了4.1倍；葛洲坝国际广场全部投产后，航侧实业资产总额超过10亿元。硚口区罗家墩村最早创办了武汉市古田实业公司，资产总额成倍增长。

二、问题和教训

1. 功能方面

（1）除重点功能区外，其余城中村改造后城市公共服务功能有待进一步加强

在城市重点功能区内的城中村改造，一般采用统征储备的改造模式，城市发展战略可以得到落实，城市公共服务功能可以得到完善。而在重点功能区外，其余的城中村改造一般采用地产开发模式，在规划中配置的各类城市公共服务设施，如市级、区级等需要单独占地的设施落实滞后。

（2）居住服务功能超负荷运转

为满足所谓的"经济平衡"，改造后的住宅小区容积率基本都偏高，居住小区级的配套服务功能却没有跟上，还建区域居住人口规模与配套服务设施规模不匹配，加剧了主城区内居住服务配套设施的低品质状态。

2. 空间形态方面

城市空间形态均质，天际线单调。传统城中村改造模式追求的是大拆大建和高强度开发，势必导致大量高层和超高层居住建筑的出现。武汉、太原、郑州、西安等城市城中村改造项目的建筑高度均已突破100m，更有往150m高度发展的趋势，对城市天际线形象的管理造成很大挑战，甚至存在重大消防安全隐患。对居民来说，市民的居住环境压迫感严重，城市居住环境已逐渐变为不宜居的"水泥森林"。2018年，住建部出台《城市居住区规划设计标准》后，城市新建住宅楼不断"长高"的趋势才有所遏制。

图3-11 武汉市某地区城中村改造后景象

传统的"增容式"城中村改造会带来很大的城市安全隐患。在拆除和建安成本一定的条件下，地价越高，增加的容积率就需要越高，反映在城市空间上就需要建设更高、更密的新建筑（图3-11），受制于消防能力，这些更高、更密的新建筑会给城市未来留下很大安全隐患。

3. 经济方面

传统城中村强调村域内土地高强度集中建设和巨量经营性土地规模等条件，来实现内部开发平衡的城市发展思维，已经无法适应现阶段城市精细化、可持续的发展目标。

城市更新财务平衡可以分为资本性投入和建成后运营两个阶段。资本性投入阶段要征用、拆除、重建和回迁，需要一次性的资本投入，融资规模必须覆盖上述所有成本。建成后运营阶段的投入包括还本付息、折旧、公共服务（教育、环卫、交通、消防、安保、绿化）等。改造后如果运营成本大幅度增加，而旧城改造并没有带来新增的收入（如税收）来覆盖，就意味着相对于旧城改造前、旧城改造后的公共服务反而会趋于恶化。旧城改造必须遵循的一个基本规则。就是两个阶段需要分别独立地实现财务平衡，不能用一个阶段的剩余去弥补另一个阶段的缺口，这就是所谓的"不可替代规则"。传统的城中村改造通常依靠增加容积率来解决旧城改造成本问题，并通过"增容"的部分实现项目的财务平衡，这种简单粗放的城中村改造模式存在着巨大的财务陷阱和城市安全隐患①。

① 中国城市规划学会城市更新学术委员会. 赵燕菁：旧城更新的财务平衡［EB/OL］. https://www.sohu.com/a/439673966_275005.

（1）透支资本潜力，破坏房地产市场

　　传统城中村改造模式会严重侵蚀城市资本市场，透支资本潜力，即过量的商品房建设将导致房地产市场出现较严重的供求失衡，而一旦房地产市场总量严重供过于求，商品房将会大量空置，房价将大幅度下跌，会严重打击居民信心，从而反过来阻碍城中村改造进程。以昆明为例，2008年昆明市开启了大规模的城中村改造，市政府通过给予每个城中村"足够"的容积率来实现项目的资金平衡，而到2015年城中村改造已经启动了229个，市场供应总建筑面积高达7477万m²，相当于昆明市主城区近10年的商品房建筑面积，2011～2016年，昆明市房价基本维持不变，甚至有小幅度下降（图3-12）。大规模的城中村改造被叫停，昆明市房地产市场基本丧失融资功能[①]。

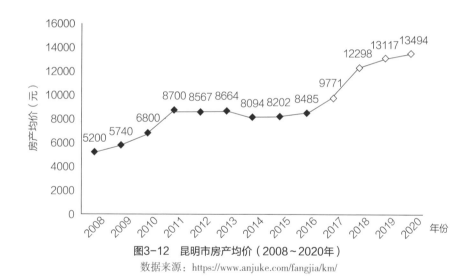

图3-12　昆明市房产均价（2008～2020年）
数据来源：https://www.anjuke.com/fangjia/km/

（2）地方债务隐患增加，影响城市现金流和实体经济发展

　　此前，旧城改造、城中村改造带来的大规模房地产开发投资有力地推动了城市经济发展，但这种做法赖以成立的前提是要找到财务平衡的有效方法，否则改造越多，债务的缺口就越大，也就越没有条件发展实体经济。当经济从高速度增长阶段进入高质量发展阶段后，决定城市发展成功

---

① 楼盘网. 昆明楼市供大于求去库存化难［EB/OL］. 2015-06-15.https://km.loupan.com/html/news/201506/1844993_1. html.

的关键是城市的实体经济。没有真实财富的增长，所有依靠债务建立起来的繁荣都将是"镜花水月"。

（3）"增容"建成后运营阶段的投入成本巨大

"增容"之前区域内的公共服务设施和市政基础设施大体上可以满足区域内居民的需求，但"增容"部分带来的居民户数增加会给政府带来更大的支出压力，建成后运营阶段的投入成本更大。由于新增居民和住宅面积不会贡献新的税收，更没有刺激实体经济发展，单纯的"增容"在未来只会增加未来政府在建成后运营阶段的财政负担。

4. 社会文化方面

（1）城中村改造提高了部分群体的生活成本，社会不安定因素增多

一个城中村要不要改造，不仅取决于其物质环境状况，更要考虑其背后种种复杂的社会经济形势，特别是要与所在城市的房地产市场形势、经济结构及人口结构相适应。首先，城中村和城郊村作为流动人口聚居点，在我国城镇化过程中发挥了积极的作用，不仅在政府住房保障职能缺位的情况下为外来人口提供了可支付得起的住房，也为城镇化扩张过程中的失地农民解决了失地后的收入来源问题。城中村中居住着大量从事服务业的外来人口，改造将不可避免地提高这部分人的居住成本，流动人口和租房人员很难在城市中落脚，成为影响社会治安的不安定因素。城中村拆除后，那些原来靠房租收入维系的失地农民将失去稳定的收入保障，而那些居住在城中村的大量流动人口会进一步向城市外围迁移，城市产业发展所需外来务工人员的居住成本将不断增加，其经济负担将日趋沉重。

（2）村民思想意识的市民化过程缓慢

在文化认同和意识形态方面，城中村村民在获得市民身份后，其市民化的工作任重而道远。由于自身教育环境和生活条件的差异，部分村民受教育程度不高、文化程度不高，难以融入城市现代生活。还建小区往往因此成为"脏乱差""黄赌毒"的聚集地。从文化、教育、宣传等方面入手，切实提高村民对市民身份的认同感，提高村民对还建小区主人翁的认同感，提高村民对城市现代生活方式的认同感，这些也是城中村改造工作下一阶段需要深入研究和完善的方向。

第三节
新形势下绿中村改造的导向思考

一、改造模式思考

按照改造利益动机和目标导向分类，城中村（乡村）改造模式可分为以公共利益为目的的统征储备模式、以市场盈利为目的的地产开发模式以及以村集体自主发展为目的的微改造模式三大类型。这三种改造模式在价值导向、适应条件、上位规划、改造成本等方面存在很大差异，对此进行横向比较（表3-2），融合各种模式的优势，可以为绿中村改造模式的创新找到新的道路方向。

（1）在价值导向方面，统征储备模式以政府为主导展开改造工作，其关注的核心利益是通过村集体用地到城市建设用地的转变，完成社会公益性基础设施和重大工程的落地，最终实现城市经济的整体发展和城市功能的升级[①]。武汉市杨春湖高铁商务区建设过程就是这种模式的典型代表（图3-13）。杨春湖地处武汉市城区东部的三环线内侧，肩负城市副中心的职能，因此被称为武汉市东部城区经济发展的"发动机"，在杨春湖地区规划的高铁商务区是整个副中心发展的核心引擎。武汉市政府积极对接城市发展战略，高水平打造杨春湖高铁商务区，将其作为近年来武汉市城市建设的工作重点。通过统征储备，杨春湖区域的村庄得以迅速拆除，仅用一

---

① 赵涛，李煜绍，孙蕴山. 当前我国城市更新中的主要问题分析［J］. 武汉大学学报（工学版），2006（5）：80-84.

绿中村改造模式横向比较   表3-2

模式	价值导向	适宜性条件	上位规划	改造成本	经济收益
统征储备模式	追求释放城中村土地资源价值，兼顾公益性基础设施的落地，带动城市经济整体发展	村庄处于城市发展战略关键区域	大多数村属公益性用地，少量村处于城市重点功能区内	政府负责整体投资，投入巨大	除重点功能区内村庄改造外，其他改造经济收益周期较长
		村庄处于城市生态、防洪、消防安全等重大公共利益的核心区域			
		村庄用地涉及重大工程选址			
地产开发模式	追求土地规模开发建设的经济价值	城市区位优势明显，土地开发的经济价值较高	一般为居住、商业等开发经营类用地	政府投入一少部分，市场投入主要部分	显性、资金收益回收较快
		在开发强度、生态保护等方面的规划限制条件较小			
自主微型改造模式	追求村民及村集体的人居环境价值	村自身规模较小	生态、农业用地以及部分村庄建设用地	村民少量投入	自负盈亏纯投入，改造后经济收益周期较长
		村民具备足够的经济能力			
		村集体的开发管理水平较高			

图3-13 武汉市杨春湖高铁商务区建设

年时间就实现了区域用地从毛地到净地的迅速转变。2020年，杨春湖城市副中心建设项目稳步推进，在引领区域快速发展的同时，也让武汉城市发展格局更加趋于合理。

与统征储备模式相比，地产开发模式的价值导向相对简单明确，即利用地块开发前后的土地差价追求土地开发建设的经济利益。作为一种利用市场化手段实现资源配置的改造方式，这种模式主要关注点在于如何最大限度地提高住宅开发量，实现地产开发资本的盈利最大化[①]。

以村集体主导的自主微改造模式一般采用村民自筹资金、政府扶持补贴等办法解决资金问题，以营利为目的的地产开发商的介入情况较少，村民及村集体从自身实际情况出发，能够更好地尊重村内历史与现状，充分考虑村民发展意愿和改造诉求。而村民更加关注自我人居环境条件的改善，将建设重点向内部绿地景观、村内基础设施等方面倾斜，对周边及更大区域公共性利益的关注则较少。

通过以上对比，可以看出三种改造模式的价值导向有所不同：统征储备模式追求城市重要功能和公益性基础设施的落地，推动城市的长期健康发展；地产开发模式追求通过市场的高效资源配置来实现城中村土地资源价值释放，提升投资回报是其最主要的目的；村自主改造模式追求的是村民及村集体的人居环境价值和村庄内部的可持续发展，但往往在城市整体性公共利益和区域功能升级上的视野有所局限。

（2）三种改造模式的适宜性条件也有所不同。统征储备模式一般适于那些处于城市发展战略关键区域的村庄，或这些村庄处于城市生态、防洪、消防安全等重大公共利益的核心区域，为了尽快解决发展、安全问题，一般选用政府主导力较强、开发建设效率高的统征储备模式。地产开发模式下的城中村一般拥有较好的城市区位优势，土地开发的经济价值较高，并且在开发强度、生态保护等方面的规划限制条件较小，这种模式在绿中村等用地管控严格的区域难以施行。村自主改造模式由于同样需要大量资金投入，资金筹措成为最关键的制约因素，从国内杭州等地区的景中村自主改造的成功案例来看，这类城中村一般自身规模较小，对村庄自身的经济基础要求较高，而且村民具备足够的经济能力，村集体的开发管理水平也较高。

（3）在上位规划方面，三者之间也存在巨大差异。统征储备模式下的

① 何鹤鸣. 旧城更新的政治经济学解析［D］. 南京：南京大学，2013.

城中村用地一般会在上位规划中涉及大型基础设施类用地，如果涉及重大城市发展战略项目，还会包括一部分重点经营类用地的开发。地产开发类城中村的上位规划情况相对更加明确清晰，一般主导用地性质为居住、商业等开发经营类用地。对于自主改造类型的村庄，上位规划用地一般是生态控制用地、农业生产用地以及部分村集体建设用地。

（4）在改造成本方面，政府主导的城中村改造由于没有市场资本的参与，在涉及关键战略发展、重大工程、公共利益的情况下，改造成本基本上依靠当地财政的支撑，改造的成本投入巨大，给当地政府造成不小的经济压力。与之相反，社会资本方参与的地产开发模式恰好成为缓解政府改造资金压力的一种方式，通过社会资本的全过程投资，政府的改造成本降低，市场化的资源配置方式也在一定程度上提高了资金利用效率，改造成本有所降低。在村自主改造模式中，由于大部分村庄的经济基础较差，改造方式往往以控制改造成本为前提，虽然村庄及村民需要投入的资金量变小，但也同样需要面对与政府类似的财政压力。面对巨大的改造资金压力，国内主要城市在城中村改造方式选择上更加倾向于市场参与的地产开发模式，这也是国内统征储备、自主改造模式改造案例相对较少的主要原因。

（5）三种改造模式在改造后的经济收益方式上也存在很大差别。政府主导的城中村改造由于舍弃了市场资本的参与，是一种基于城市发展需要的前期基础性投资方式，因此它的收益方式也是长周期的，并且取决于未来周期内城市经济发展状况的健康与否，其收益方式主要依赖于周边土地出让和实体经济带来的税收。基于市场资源配置力量的地产开发模式则与之相反，在土地开发实施环节启动后，原本低廉的土地价值在片区地块开发周期的一到两年内就得以翻倍提升，因而决定了参与开发的社会资本可以在较短时间内收回成本，并获得快速、显著、直接的经济回报，政府往往也可从中获得部分土地出让收益。而对于村自主改造的村集体和村民而言，村庄改造工作是一种改善生活质量、条件的纯投入行为，自负盈亏，自主建设，不存在可期待的经济回报，对于经营情况较好的村庄经济，村民在旅游、农产品加工等方面的收入会间接增加。

二、效益导向思考

诸多研究表明，国内主要城市的城中村改造带来巨大的城市经济效益，为城市各方面的提升发展作出了积极贡献[①]、[②]，同时也存在着一系列社会、文化、生态问题，传统的改造模式已经无法完全解决绿中村的现有复杂问题，因此有必要对城中村改造的效益导向进行分析研究，为以后绿中村改造提供有益借鉴。

1. 城市更新理论中的"综合效益"

城市更新在生产新空间秩序的同时，也在生产相应的文化价值和社会新秩序[③]。但一系列关于国内城中村改造的案例研究发现，早前的国内城市更新中，主要关注表征上的物质空间生产，而忽视原有社会秩序重构，原来存在的稳定的社会、文化网络被打破，社会关系却无法实现更新后的再生。换言之，就是国内诸多城市更新项目没有实现空间和社会的一体化重建，空间重构往往先于社会重构，社会重构也通常被忽视、滞后。这将在一定程度上造成城市社会、文化活力的丢失，改造后的还建住区往往会成为马赛克式、拼贴式、具有社会群体隔阂特征的"破碎街区"。

自20世纪50年代以来，欧美国家为应对第二次世界大战后经济重建、市中心衰落、经济危机等现实问题，城市更新规划依次演变出"城市重建"（Urban Reconstruction）、"城市复兴"（Urban Revitalization）、"城市再开发"（Urban Redevelopment）、"城市再生"（Urban Regeneration）等概念[④~⑥]。城市更新的内涵不断丰富，逐渐从简单推倒重建向城市整体功能完善和品质提升、综合产业发展转变，从一种城市精英阶层决策演变为多元主体共同参与实现社会公平的公共事件[⑦]。不同城市发展环境和条件下，城市更新的效益导向应该有所不同。在当前高质量发展阶段，国内的城市更新迫切需要按照符合存量发展思维的、可持续的、综合效益最大化的"城市再生"路径进行实践。这里的"城市再生"是指根据地域特征、

① 尹晓颖，闫小培，薛德升. 快速城市化地区"城中村"非正规部门与"城中村"改造——深圳市蔡屋围、渔民村的案例研究［J］. 现代城市研究，2009（3）：44-53.

② 周新宏. 城中村问题：形成、存续与改造的经济学分析［D］. 上海：复旦大学，2007：179.

③ 胡毅，张京祥. 中国城市住区更新的解读与重构：走向空间正义的空间生产［M］. 北京：中国建筑工业出版社，2015.

④ 方可. 西方城市更新的发展历程及其启示［J］. 城市规划汇刊，1998（1）：59-61.

⑤ 董玛力，陈田，王丽艳. 西方城市更新发展历程和政策演变［J］. 人文地理，2009，24（5）：42-46.

⑥ 张平宇. 城市再生：我国新型城市化的理论与实践问题［J］. 城市规划，2004（4）：25-30.

⑦ 翟斌庆，伍美琴. 城市更新理念与中国城市现实［J］. 城市规划学刊，2009（2）：75-82.

发展诉求、社会属性,升级城市空间内容、社会结构、文化传承、功能业态,培育城市旧空间的产业内核驱动力,实现城市旧区内涵式、质量型的可持续"生长"。与传统"拆旧建新"模式不同(表3-3),"城市再生"的产业功能植入,利用多元产业发展实现区域的自我"生长";在利益的平衡方式上,改变通过地产开发换取土地短期出让收益实现快速经济平衡的方式,追求通过文化、体育、科技等产业持续运营,延伸城市产业链,实现长期可持续的实体经济受益;在社会结构方面,"城市再生"模式更注重城市空间内容和社会结构的变化,认为物质空间更新与社会结构转变同等重要①。在功能策划方面,反对单一的商住功能,强调文化、体育与多种经济功能的复合发展,进而实现从纯粹物质空间更新转向社会文化等深层次的内涵再生。

城市拆旧建新与"城市再生"的比较　　　　　　　　表3-3

项目	拆旧建新模式	"城市再生"模式
规划路径	提高旧空间建设强度实现区域增量发展和物质空间要素的更新	注重城市存量空间的产业功能植入,利用多元产业发展实现区域的自我"生长"
利益平衡	通过地产开发换取土地短期出让收益,实现快速经济平衡	通过文化、体育等产业持续运营,延伸城市产业链,实现长期受益
社会结构	社会关系的转变滞后、脱节	物质空间更新与社会结构转变并重
功能策划	功能单一,重点发展居住、商业商务	强调城市文化、体育与多种经济功能的复合与关联性发展

　　按照"城市再生"的理论观点,城市管理者不应将复杂的系统问题简单化,"对复杂的城市环境条件,不作全面的解读分析,采用机械化、一刀切简单处理,反而会产生比以往更多的复杂的新城市问题"②。国外学者道萨迪亚斯也有类似的观点,他认为人类在一定区域内聚集生活是出于满足自己和其他人的各种需要。随着居住区域的初步建立和深入发展,新增的、不可预见的城市功能会不断加入到居住区的发展过程中,因此居住区域必须同时满足其初始需求和新产生的其他需求。除了满足居住区形成的初始需要外,居住区中已形成的有价值的东西作为下一发展阶段的牵引力,起着加快或者延伸居住区域进一步发展的推拉作用。作为空间价值再生产的

① 邹兵. 由"增量扩张"转向"存量优化"——深圳市城市总体规划转型的动因与路径[J]. 规划师,2013,29(5):5-10.
② 吴良镛. 人居环境科学导论[M]. 北京:中国建筑工业出版社,2001.

城市更新不应只成为少数群体剥夺空间公共利益的工具，而应作为多方共享空间增值收益的途径；不应只强调经济、政治层面的空间绩效，还需更加关注文化、社会等层面的空间绩效[①]。只有当居住区内居民的所有需要——经济的、政治的、社会的、历史的、文化的和技术的需要全部得到回应时，才能认为改造后的居住区对居民具有家园和社群属性。换言之，包含社会、文化、经济在内的综合效益而非单一的经济效益的实现才是城市更新成功的主要标准之一。

2. 传统改造模式已无法继续响应社会发展需求

中国的城市更新是伴随着改革开放以来城镇化快速发展过程中的一项长久性工作，其改造模式基本以政府全面主导的统征储备、市场主导的政企合作两种模式[②, ③]为主，由此形成了实际上的"市场主导、政府引导"的改造方式，由于资本存在逐利性，市场主体一般选择通过大规模新建物质空间的方式谋求资本利益快速回报。地产开发模式更是影响着社会资本开发利润以及当地政府的土地财税收入。在此导向下，改造一般离不开经济视角下以改造成本为基础反推新建住区的容积率进而确定规划方案的技术方法[④]，虽然这种方法有利于降低规划建设阻力，高效解决改造中"投入—产出"的财务平衡问题，确保项目经济效益的顺利实现，但也不可避免地对城市多样性空间形态造成破坏，也意味着传统的原有乡村兼容并蓄的文化氛围的消失，城乡活力以及城乡资源可持续发展的能力受损[⑤]。

进入存量发展阶段后，这种拆旧建新的更新模式受到政府和社会层面的质疑逐渐增多。首先，它在推动物质空间快速改造、刺激房地产市场的同时[⑥]，实现区域持续经济发展、促进多元产业升级、维持社会文化形态

① 彭恺. 新马克思主义视角下我国治理型城市更新模式——空间利益主体角色及合作伙伴关系重构［J］. 规划师，2018，34（6）：5-11.

② 黄皓. 对"城中村"改造的再认识［D］. 上海：同济大学，2006：68.

③ 潘聪林，韦亚平. "城中村"研究评述及规划政策建议［J］. 城市规划学刊，2009（2）：96-101，62.

④ 周晓，傅方煜. 由广东省"三旧改造"引发的对城市更新的思考［J］. 现代城市研究，2011，26（8）：82-89.

⑤ 甘萌雨，保继刚. 旧城中心区城市衰落研究——以广州沿江西区域为例［J］. 人文地理，2007（4）：55-58.

⑥ 潘聪林，韦亚平. "城中村"研究评述及规划政策建议［J］. 城市规划学刊，2009（2）：96-101，62.

等方面的作用收效甚微[①][②]，改造后的物质空间往往呈现出粗放、低品质、易衰败的状态。除统征储备模式中有一部分考虑城市公共利益的改造目的外，其余的城中村改造以物质环境改善为重心的经济效益导向非常清晰，它似乎已不能催生一个新的城市发展模式来推动社会、文化等综合空间价值体系的可持续再生产。其次，传统的城中村改造模式也无法有效解决绿中村现状中具体的生态、社会、文化问题。具体原因有以下几点：第一，传统的城中村改造模式重点是推进"一次买断"、单一的空间和经济改造，通过大拆大建的方式来追求还建规模和资金平衡，但绿中村用地管控严格，且以生态功能为主导规划功能，无论是以政府全面主导的统征储备模式，还是市场主导的政企合作模式，都无法实现短期的资金平衡，政府、企业面临巨大的资金压力。第二，市场主导的政企合作模式注重经济效益，这些内容都反映在政府、资本、村集体在土地收益、城市发展战略、开发权、建设量、产业安置等方面的三方利益博弈之中，难以有效落实城市规划维护的公共利益，尤其是难以实现城市生态功能区整体优化的发展目标，进而导致绿中村改造的生态、社会效益偏低。

可以说，以统征储备、地产开发等传统城中村改造模式来处理绿中村复杂的经济、文化、社会问题，不仅无法给绿中村改造带来生态、社会、文化等综合性效益，还无法适应绿中村土地资源生态管控的特殊性，加重城市发展的经济负担（图3-14）。这种关注重点和目标的不相匹配关系，是传统的城中村改造模式在绿中村改造中尝试失败的另一个深层次原因。

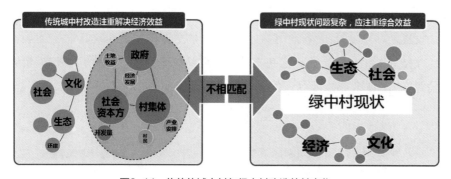

图3-14　传统的城中村与绿中村改造效益变化

① 张京祥，胡毅. 基于社会空间正义的转型期中国城市更新批判［J］. 规划师，2012，28（12）：5-9.
② 田丹婷. 空间政治经济学视角下的城市更新［J］. 知与行，2017，18（1）：24.

3. 绿中村改造应坚持"综合效益"导向

　　绿中村作为传统城中村中一种典型的居住形式，其形成和存在有复杂的社会、经济和历史原因，对具有复杂发展条件的城中村改造不能一味地追求土地经济效益和物质环境改善，尤其应该正视其社会、文化、历史环境，提出社会、经济、文化等多方面综合性提升更新方法。绿中村改造面对的不仅仅是突出的经济问题，生态环境的改善、社会稳定与安全、乡村文化治理也都成为与经济发展相提并论的重要议题，其需解决的问题比传统的城中村改造更复杂、更综合。否则，片面地追求物质空间改善和经济平衡，最终必定导致城市人居环境系统整体效益的失衡。

　　实际上，现有的绿中村具有双重特性。一方面它是城市边缘的自然村落被城建用地包围或半包围之后，原有农业生产的耕地被征用，村民、村庄经济逐渐被城市经济活动改变渗入的"半城市化地区"；另一方面，它长期处于生态控制区内，生态资源丰富却无法从中获益，已成为城市生态系统下牺牲自我发展的低收入群体聚集的原住村落空间。绿中村改造应对绿中村的双重特性具有充分的认知，在通过物质性手段解决基本民生问题的同时，还应从绿中村作为生态区内有机组成部分的第二重特性中挖掘自身的生态资源价值[①]。

　　从杭州、无锡等地区乡村自主微改造的成功案例来看，各地在绿中村改造过程中，开始逐渐重视多重目标和价值的实现，并取得了良好的综合效益。绿中村与城中村相比，在生态环境、区位特征、经营性用地方面都有很大不同，绿中村改造可以发挥自身的生态资源优势和区位优势，挖掘绿中村改造过程中的生态效益，以原村庄为载体，通过土地整理、产业激活、民生改善等微改造手段营造美丽乡村，进而在生态效益中培育出经济效益，实现绿中村改造目标。

📋 **案例：浙江杭州西湖景区内绿中村**

　　杭州西湖景区以西湖景区项目带动村产业持续运营，对内部零散的村落空间进行整治，保持村集体土地性质不变，政府投入一部分资金，提升软硬环境，对村庄雨污管网、房屋立面、道路交通及电力设施等环境与配套设施进行整治改善，集中体现杭州城市美学特征；村湾自主改造，村民参与，形成最具活力和吸引力的景区特色，鼓励村民积极

① 陈双，赵万民，胡思润. 人居环境理论视角下的城中村改造规划研究——以武汉市为例[J]. 城市规划，2009（8）：37-42.

改善建筑、景观形象，实现景区品质与产业双升级，打造农居SOHO公社、文创工作室、民宿，村民参与经营。此外，村庄还以西湖景区项目带动村产业持续运营实现村改造目标，植入品质项目，激活休闲文旅产业；引入安缦法云、中国茶文化博物馆、灵隐禅修院、龙井别院、隐居西湖别墅连锁酒店等极具特色和吸引力的主题项目（图3-15）。

图3-15   浙江省杭州市西湖景区内绿中村改造前后对比

🗐案例：江苏无锡拈花湾

江苏省无锡市的拈花湾原本是灵山胜境景区的一处村落，项目开发时通过成立文化旅游集团平台的方式，将项目定位为集吃、住、游、购、娱、会务于一体的主题旅游度假综合体。在符合政策法规要求下，微整治村庄发展契合市场、迎合消费需求的业态，实现村庄改造目标的同时创造市场价值。项目起步时通过征收部分集体建设用地作为景区旅游设施用地，其余通过流转集体农用地打造自然山体的花谷景点。酒店、商业街等开发建设活动也在征收用地上开展，农用地性质不变。项目的业态策划追求契合市场的需求，迎合消费需求，内部配套禅意商业功能区，布局佛教论坛中心、禅修精品酒店等业态，同时布置少量别墅及村舍公寓。设计环节追求"商业即景点"的方式，充分挖掘景区周边的自然环境要素，保持原生态的自然特质。在项目运作方面，采用以持有经营（轻资产村舍租赁）为主、辅助销售型住房（别墅产品开发）的运营模式，利用"文化、地产、旅游"的综合盈利模式来实现整体项目的长期经营性收益（图3-16）。

图3-16　浙江省无锡市拈花湾改造方案

　　此外，未来绿中村改造的效益除了要重点关注生态效益的综合利用，还要重点关注区域公共服务设施的落实，如城市专类公园、体育健身设施等城市公共服务设施。这些设施的落地不仅是城市公共利益的胜利，还为改造后的村民以及周边居民提供了丰富的文化、体育活动场所，成为丰富村民日常文化、精神生活的重要场所。

　　以武汉市绿中村为例，泛三环线范围内的绿中村用地面积共计约60km²，若均能实现顺利改造，将对城市的公共服务设施、市政基础设施、公共活动空间、公共绿化空间、生态景观空间、城市风道、城市安全避难场所、动植物栖息地提供充足的空间支撑（图3-17）。以生态综合效益为价值

图3-17　武汉市绿中村改造带来的生态综合效益

导向的绿中村改造，可能成为城市生态、环境和功能综合性提升的有力手段，这也有别于传统城中村改造中大拆大建的"一锤子买卖"建设模式。

三、改造主体思考

1. 绿中村改造主体诉求多元化

与传统的城中村改造相比，绿中村改造过程中各利益主体的改造诉求发生了很多变化，更加复杂、多元（表3-4）。

绿中村改造主体诉求变化　　　　　　　　　表3-4

改造主体	传统的城中村改造的主体诉求	绿中村改造的主体诉求
市政府	释放城中村土地资源，用于城市建设，改善民生	实施生态保护规划，生态控制区内保障生态安全
区政府	落实市政府要求，城中村改造资金平衡，提高区级财政收入	（1）财力有限，倾向于选择商品房开发平衡模式来推进绿中村改造工作； （2）为防止地方债风险，绿中村改造统征储备希望由市区财政联合兜底
市场/企业	获得城中村土地相关开发权，用于城市开发建设的实施，并取得可观收益	尽快解决生态控制等相关要求的约束，获得灵活的土地政策及空间，获得可观的经济盈利空间
村集体	集体经济组织向企业转变，村民向市民转变，在村级的层面得到经济可持续发展	（1）若不拆，希望改善村庄现状居住环境、完善公共服务设施和基础设施； （2）若拆除，希望参照武汉市其他城中村改造的标准进行安置补偿
村民	获得可观收益，以现金或大量住宅为主	（1）若不拆，改善生活环境，提高收入水平； （2）若拆除，获得收益，以现金或大量住宅补偿为主

武汉市政府此前更加关注释放城中村土地资源，用于城市功能落地，改善民生；而在绿中村改造中则需要更加关注实施生态保护规划，强调生态控制区内落实生态功能，保障生态安全。

区政府在绿中村改造中，始终倾向于选择商品房开发平衡模式来实现改造的资金平衡；为防止地方债风险和财政压力过大，区政府往往希望绿中村改造资金由市、区财政联合兜底。

市场资本在参与绿中村改造工作中有了更多顾虑和担忧，出于用地限制较多的考量，市场资本参与绿中村改造的积极性并不高，即使参与改造，也希望尽快解决生态控制等相关要求的约束，获得灵活的土地政策及空间，获得可观的经济盈利空间。

村集体此前需要关注集体经济组织向企业转变，村民向城镇居民身份转变，在村级的层面实现经济可持续发展。现在，村集体认为，若不拆，希望改善村庄现状居住环境、完善公共服务设施和基础设施；若拆除，希望参照其他城中村改造的标准进行安置补偿。村民认为，若不拆，希望改善自身生活环境，提高个人收入水平；若拆除，希望获得正常的补偿收益，以现金或大量住宅补偿为主。

2. 绿中村主体利益需要再平衡

绿中村改造主体诉求变化可以归纳为：一是政府主体产生层级分化。此前，市、区政府在城中村改造换取土地收益和发展空间的利益方面具有一致性，在绿中村改造中，市、区政府在谋求生态发展和关注地方财政压力方面产生分歧。二是市政府与参与企业也存在利益分歧，市政府强调生态保护，企业关注如何在绿中村改造中突破生态管控以盈利，之前两者在城市土地收益分享上的默契已经不复存在。三是村民、村集体内部对村庄未来改造发展的方向存在分歧，在拆迁要求正常补偿和不拆迁改善生活质量之间徘徊。

无论是传统的城中村，还是具有特殊性的绿中村，其改造工作应遵循"动态平衡改造主体的多维利益要求"的基本原则[①]，有效地协调并满足包括

---

① 贾生华，郑文娟，田传浩. 城中村改造中利益相关者治理的理论与对策［J］. 城市规划，2011（5）：62–68.

地方政府、村集体（及其村民）、企业开发商等核心利益主体的多维利益要求，实现利益的重新均衡。随着改造主体内部出现更多的利益分歧，主体诉求内容更加复杂、多元，改造主体的协调对象从政府、村民、企业三方分解为市政府、区政府、企业、村民、村集体五方甚至更多。以往通过分享土地收益找到三方利益平衡点的改造模式已变得不现实，绿中村改造过程中利益协调机制需要作出相应的调整。传统的城中村改造中，政府、企业、村民的利益核心在经济利益[1]、[2]，而绿中村改造中五大主体的利益核心不再局限于经济利益，还包括生态、文化、社会等公共性利益。这种新的变化要求绿中村改造路径从城市综合发展的角度，探索采取生态恢复、生态旅游开发、乡村振兴相融合的综合改造策略，找到体现绿中村综合利益平衡的改造方式。

绿中村改造中核心资源已经不是经营性土地资源，反而村内外丰富的生态环境资源逐渐成为生态文明建设中的宝贵资源，绿中村改造寻求搭建以生态平衡为核心驱动的利益分配模式成为可能。如图3-18所示，市政府指导并监督区政府落实绿中村生态保护相关规划，绿中村为生态资源保护留出必要生态空间，区政府负责村庄具体的改造安置工作，成本可以由社

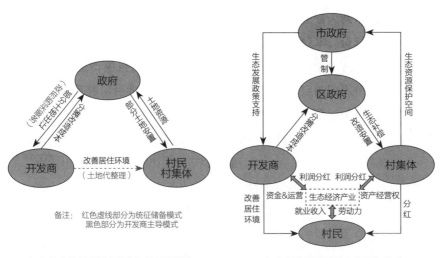

（a）传统的城中村改造的经济平衡模式   （b）绿中村改造的生态平衡模式

图3-18   绿中村改造的生态平衡模式

---

① 潘聪林，韦亚平. "城中村"研究评述及规划政策建议 [J]. 城市规划学刊，2009（2）：96-101，62.
② 黄治. 城中村改造模式与策略研究 [D]. 武汉：武汉大学，2013：220.

会资本、政府财政生态补偿资金和乡村振兴等专项资金及村集体村民共同承担，村集体、村民、社会资本依托村庄生态资源成立生态经济产业发展平台，其中村集体让出资产的经营权入股，开发商提供运营管理和必要资金，两者获得生态经济产业的利润分成，村民作为劳动力获得直接的就业收入和股份分红。在这种基于生态资源的利益分配模式中，生态经济产业的成功与否，是多方利益平衡的核心点，决定了基于生态资源的利益分配模式能否实现。

四、政策思考

绿中村改造是一项综合性、系统性的工程，从大环境出发，其综合价值导向的核心观念与当前生态文明价值观提倡的"更好的发展"理念极其吻合，同时，绿中村又是一种特殊的乡村形式。在当前国家积极推进乡村振兴战略的背景下，绿中村可以依托乡村振兴战略的具体要求，作为其改造发展的基本框架。基于以上两点，对生态文明和乡村振兴两大国家级政策进行内涵解读，可以为未来绿中村改造工作提供思想方向。

1. 生态文明政策下的绿中村发展导向

2012年11月，党的十八大从新的历史起点出发，作出"大力推进生态文明建设"的战略决策，从十个方面全面深刻论述了生态文明建设的各方面内容，完整描绘了今后相当长一个时期我国生态文明建设的宏伟蓝图。此后，习近平总书记在党的十九大报告中指出："加快生态文明体制改革，建设美丽中国。"生态文明建设已成为中国特色社会主义事业的重要内容。

（1）生态、文明与生态文明

生态文明的概念可以从"生态"和"文明"两个词语理解。

所谓的"文明"，指的是人类社会在一定生产力阶段内物质、经济、制度方面的可持续发展模式和发展成果，如农业文明、工业文明分别指的是基于农业生产、工业建设活动实现人类社会持续发展的时代。新文明相较于之前文明的区别在于其生产力的迭代质变与提升，并在新文明时代周期内持续性地推动人类社会进步。所谓的"生态"，是指生物在一定的自然环境下生存和发展的状态，也指生物的生理特性和生活习性。生态一词源于古希腊,意思是指家或者我们的环境。生态文明中的"生态"二字,其抽象的概念是人类生态环境状况,其具体概念是指一定区域内的生态环境保护,更多的是指出当前一种发展方式的底线。

基于以上两个词语的理解,生态文明应是人类为保护和建设美好生态环境而取得的物质成果、精神成果和制度成果的总和,是贯穿于经济建设、政治建设、文化建设、社会建设全过程和各方面的系统工程。

（2）生态文明建设内涵解读

自党的十八大以来,以习近平同志为总书记的党中央站在战略和全局的高度,对生态文明建设和生态环境保护提出一系列的新思想、新论断、新要求,为努力建设美丽中国,实现中华民族永续发展,走向社会主义生态文明新时代,指明了前进方向和实现路径①。具体可以解读为以下三个方面的内容:一是保护节约利用现有资源,反对资源的不合理利用;二是强调人居环境和生态环境的双重改善,对自然生态空间中的现有问题实施生态保护和修复工程;三是从国土生态、生产、生活空间入手,促进生产空间集约高效、生活空间宜居适度、生态空间山清水秀。

一般来说,在生态空间内,限制人类活动对生态环境的干扰、破坏,即通过资源节约限定人类生产活动,通过生态修复工作保护生态资源。生态文明建设赋予了生态空间乃至全域国土空间更加丰富的发展内涵。首先,生态文明是人与自然和谐共生关系的文明状态,文明是一种可持续的发展状态,单纯的保护并不足以支撑生态文明持续发展下去。可以说,保护性的限制开发只是生态文明建设的一个方面,其引发更深层次的思考是,在设定生态保护一系列限定条件下,人类社会如何实现更好、更高效、可持续的发展。生态文明建设强调推进绿色发展,建立环境管控长效机制,"实行最严格的生态环境保护制度",强调"坚持节约资源和保护环境的基本国策""形成绿色发展方式和生活方式"。其深层含义是,自然生态与社会经济发展的和谐共融,在生态保护的前提下,转变、升级产业经济的发展模式,提高全社会资源利用效率,实现可持续发展和高质量发展。

总之,关于生态文明的政策指向日渐明确,生态环境保护应全面纳入经济社会发展的主流,在生态保护基础上追求高质量发展,不是设置城市

---

① 胡锦涛在中国共产党第十八次全国代表大会上的报告［EB/OL］. 2012–11–17. http://www.xinhuanet.com/18cpcnc/2012–11/17/c_113711665.htm.

发展阻碍，而是为未来预留发展的弹性。

（3）生态文明对绿中村改造的启示

在绿中村改造过程中，要坚持与区域内的生态保护修复工程相结合，探索生态补偿机制在绿中村改造过程中的融入衔接，高效利用生态补偿资金，实现绿中村改造与绿色资源保护的同步推进。

同时，绿中村改造还要注重在生态保护的基础上追求高质量发展，变城市发展阻碍区为城市未来预留发展的弹性空间。提高村庄周边生态自然资源的利用方式、效率，在生态保护的基本框架下，探索乡村集体产业的升级转型，结合生态资源优势，提高技术要素投入比重，创新绿中村新经济业态，提高绿中村内外生态资源的经济价值和利用效率。

生态文明是一种社会、文化、经济三方面动态平衡的发展形态，这启示规划建设者在绿中村改造过程中要摒弃以经济为重心的失衡改造模式，探索一种适合绿中村特殊情况的"生态有机更新模式"。积极应对社会关系重塑、乡土文化重构等非经济性问题，实现绿中村自身的社会、文化、经济等综合效益的动态平衡。

2. 乡村振兴政策解读

2017年，国家提出乡村振兴战略[①]，为解决乡村发展问题提供了一揽子综合性解决方案，城（绿）中村恰巧又是乡村的一种特殊形态，乡村振兴战略为城（绿）中村改造实现综合效益提供了一种路径和视角。

（1）乡村振兴与绿中村改造的内在一致性

在绿中村改造中对乡村振兴战略进行解读的主要原因是，乡村振兴与绿中村改造存在内在的一致性，表现在以下几个方面：一是绿中村在改造之前仍属于乡村的范畴，参照乡村振兴战略谋划绿中村的未来发展路径，在研究对象的属性上存在一致性；二是乡村振兴战略的指导思想和未来绿中村改造的综合效益导向存在高度一致性，乡村振兴内容和绿中村综合效益都提倡生态的、文化的、社会的多维度价值彰显，而不单单是经济的发展。乡村振兴战略明确提出，到2050年实现乡村全面振兴，农业强、农村

---

① 乡村振兴战略是习近平同志2017年10月18日在党的十九大报告中提出的战略。2020年，《中华人民共和国乡村振兴促进法》颁布实施，更是将乡村振兴战略提升到国家律法的层面。基本上按照产业兴旺、生态宜居、乡风文明、治理有效、生活富裕这五个维度推动乡村产业、人才、文化、生态和组织振兴。

美、农民富全面实现。乡村振兴的总要求是一体化工程，同步推进"产业兴旺、生态宜居、乡风文明、治理有效、生活富裕"二十字总要求。打破以往"注重物质空间改造，轻视社会文化发展""注重经济发展，轻视社会文化生态保护"的固性思维，在绿中村改造过程中，既要记得住乡愁，也要留得住绿水青山。

（2）乡村振兴主要内容

一是通过乡村产业振兴，实现乡村农业生产力水平的进一步解放。中国农业的生产方式、组织方式、管理方式正在发生质的嬗变。加快构建现代农业产业体系、生产体系、经营体系，推进农业由增产导向转向提质增产并进导向，开展土地整理，农业适度规模经营具备经济基础和政策基础。通过土地承包到期后继续延长30年的政策，促进规模化生产效率。发展现代化农业、绿色农业、休闲农业、农村电商等一系列的"互联网+"农业应用。

二是关注乡村人才振兴，从内部和外部两方面提高农村劳动力素质水平。一方面，把人力资本开发放在首要位置，在乡村形成人才、土地、资金、产业汇聚的良性循环，乡村振兴需要一大批新型职业农民；另一方面，现代农业呼唤着乡村人才振兴，鼓励城市人才向乡村流动，建立健全城乡、区域、校地之间人才培养合作与交流机制。

三是实现乡村文化振兴，提高优秀乡土文化的昭示性和软实力。乡村是城市文明的源泉和乡土文化的宝藏地，乡村振兴的灵魂是乡村文化振兴。在以往的观念中经济首当其冲，其他要求都可以靠后，只要农民物质生活水平提高了就行，却忽略了沉淀了几千年的乡村文化。提出乡村文化振兴的最终目的就是实现乡村优秀文化的传承、彰显、传播。加强农村思想道德建设和公共文化建设，培育文明乡风、良好家风、淳朴民风，要体现浓郁的当代特色乡村文化，把传统留住、把文化留住，适应时代的变化，构建具有饱满品位特征、具有生动气息的新乡土。还要体现浓郁的当代特色，提升农民精神风貌，提高乡村社会文明程度，焕发乡村文明气象。每个地区有每个地区的不同文化，每个乡村也有每个乡村的不同文化。因此，乡村文化振兴要因地施策，挖掘和保留乡村所特有的文化，而不是复制性、机械化地建设新乡村。

四是坚持乡村生态振兴，留住乡村青山绿水，看得见山，望得见水，记得住乡愁。乡村作为主要的农业生产区域，依然面临生态环境保护的压力，乡村归根结底是亿万农民要世代生活的地方，水资源质量和土壤质量直接关系到农民生产、生活的方方面面，在当前生态文明建设的新时代背景下更需要加强重视。在乡村发展的过程中，不难发现有些地方为了引进项目搞经济，不顾及生态问题，对农民的生产生活造成了极大困扰。这要求乡村振兴要坚持绿色发展，加强农村突出环境问题综合治理，让良好生态成为乡村振兴支撑点，落实生态发展理念，实施农业绿色发展理念。乡村振兴是为了让农民过更好，面对乡村，牢固树立"绿水青山就是金山银山"的发展理念，在发展经济的同时兼顾生态治理，加大资金投入，完善乡村治理的软硬件设施，充分发挥好生态治理对乡村振兴的支撑作用。

五是加强乡村组织振兴，提高村集体领导村庄发展和治理的能力。与城市的现代治理能力一样，乡村区域也要有自己的一套现代化治理措施，通过现代乡村社会治理体制，建立充满活力、和谐有序的善治乡村。群雁要靠头雁领，建立健全党委领导、政府负责、社会协同、公众参与、法治保障的现代乡村社会治理体制，确保乡村社会充满活力、安定有序，乡村党组织就是主心骨。

（3）绿中村改造应充分对接乡村振兴政策

在关系到乡村振兴实践的建设模式上，《中华人民共和国土地管理法》（2019修订版）、《中共中央国务院关于实施乡村振兴战略的意见》《中共中央国务院关于构建更加完善的要素市场化配置体制机制的意见》等相关政策文件相继颁布，从土地资源的确权、城乡关系、市场交易机制等方面指出了比较明确的方向。

以上政策主要可以归纳为以下三个方面的主要内容：一是推进村集体用地与城市建设用地同价同权，推进农村集体经营性建设用地无须调整规划，直接通过租赁、流转等方式入市，有效利用农村零星分散的存量建设用地；二是充分运用市场机制，构建更加完善的绿中村土地资源市场化配置体制机制，给予市场资本参与农村土地资源发展生产的接口；三是创新城乡经济、土地的合作关系，探索乡村振兴政策扶持方向相一致的乡村新经济业态，如现代化农业、观光旅游农业、生态有机农产品、农村电子商业等，同时预留部分规划建设用地指标用于单独选址的农业设施和休闲旅游设施等建设，培育田园综合体等新型农业经营主体，促进农村一、二、三产业融合发展。

在乡村振兴各方面中，乡村经济发展一直受到国家相关政策的特别关注，如连续多年的中央一号文件、《关于深入推进农业供给侧结构性改革做好农村产业融合发展用地保障工作的通知》《中共中央国务院关于实施乡村振兴战略的意见》《关于促进全域旅游发展的指导意见》等相关文件（表3-5）。以上相关文件重点关注："加快发展乡村产业，顺应产业发展规律，立足当地特色资源，推动乡村产业发展壮大，优化产业布局，完善利益联结机制，让农民更多分享产业增值收益。加快推进农村重点领域和关键环节改革，激发农村资源要素活力，完善农业支持保护制度，尊重基层和群众创造，推动改革不断取得新突破。继续推进农村人居环境整治提升行动，把公共基础设施建设的重点放在农村。合理确定村庄布局分类，注重保护传统村落和乡村特色风貌，加强分类指导。推动城乡融合发展见实效，健全城乡融合发展体制机制，促进农业转移人口市民化。"2021年中央一号文件中又提出农业全产业链打造、农民产业增值收益分享、健全现代农业全产业链标准体系等重要政策导向。

可以预见的是，在以上一系列措施、政策的推动下，未来乡村会出现更多的新经济业态。尤其是支持发展生态农业、休闲观光、现代服务农业、创新产业四大经济业态，积极扶持田园综合体、创业园、休闲观光农业、健康服务养老等乡村旅游热点产业（表3-6）。

乡村振兴相关政策内容   表3-5

政策方向	主要内容
土地资源	推进农村集体经营性建设用地入市，同价同权
市场配置	运用市场机制盘活存量土地和低效用地，构建更加完善的要素市场化配置体制机制
经济业态	培育现代化农业、观光旅游农业、生态有机农产品、农村电子商业等经济业态，预留部分规划建设用地指标，培育田园综合体等新型农业经营主体，促进农村一、二、三产业融合发展

未来乡村的新经济业态   表3-6

产业类型	相关政策描述
生态农业	加强科技创新，发展现代种植业，发展数字农业等方面提升农业生产能力
	推进农业绿色化、优质化、特色化，调整优化农业生产力布局，推动农业由增产导向转向提质导向

续表

产业类型	相关政策描述
休闲农业	建设休闲观光园区、森林人家、康养基地、乡村民宿、特色小镇
	发展深林草原旅游、河湖湿地观光、冰雪海上运动、野生动物驯养观赏等产业
服务业	健全农业农村金融体系，强化金融服务方式创新
	建立国家农业科技创新体系，建立产学研融合的科技创新联盟
	加强乡村健康服务和养老服务体系建设
创新产业	发展数字农业，推进物联网试验示范和遥感技术应用
	发展乡村共享经济、创业农业、特色文化产业，推动优秀农耕文化遗产合理适度利用

3. 城市更新政策导向

中国城市更新自1949年发展至今，其内涵在政府部门政策的引导下不断拓展变化，对城市更新政策进行系统的梳理回顾，有助于掌握、判断绿中村改造工作的规划逻辑和未来方向。

学术界根据我国城镇化进程和城市建设、更新政策的变化，将中国城市更新分为初始、探索、成熟、调整转型四个重要发展阶段[①]（表3-7）。初始阶段（1949～1977年），国家提出"充分利用，逐步改造"的政策导向，本阶段更新工作以改善城市基本环境卫生和生活条件为重点。第二阶段是城市更新探索阶段（1978～1989年），随着改革开放的进程，国家实施"填空补实、旧房改造、旧区改造"的政策导向，以解决住房紧张和偿还基础设施欠债为本阶段城市更新的工作重点。第三阶段是成熟阶段（1990～2011年），在社会主义市场经济蓬勃发展的大环境下，城市更新政策以旧城改造、旧区再开发的主动开发导向为主，此阶段城市更新工作的重点是市场机制推动下的城市更新实践与创新。2012年至今，城市更新进入调整转型的发展阶段。2014年《国家新型城镇化规划（2014—2020年）》以及2015年中央城市工作会议的召开，标志着我国的城镇化已经从高速增长转向中高速增长，进入以提升质量为主的转型发展新阶段。党的十九大进一步明确将人民日益增长的美好生活需要作为国家工作的重点。有机更新、"城市双修"、社区微更新等政策陆续发布，开启基于以人为本和高质量发展城市更新新局面。

---

① 阳建强，陈月．1949—2019年中国城市更新的发展与回顾 [J]．城市规划，2020，44（2）：9-19，31．

中国城市更新的4个重要发展阶段   表3-7

阶段	时间	工作重点内容	相关政策导向
初始阶段	1949~1977年	以改善城市基本环境卫生和生活条件为重点	充分利用,逐步改造
探索阶段	1978~1989年	以解决住房紧张和偿还基础设施欠债为重点	填空补实、旧房改造、旧区改造
成熟阶段	1990~2011年	市场机制推动下的城市更新实践探索与创新	旧城改造、旧区再开发
调整阶段	2012年至今	开启基于以人为本和高质量发展城市更新新局面	有机更新、"城市双修"、社区微更新

2021年8月31日,住房和城乡建设部发布《关于在实施城市更新行动中防止大拆大建问题的通知》强调防止大拆大建问题,积极稳妥有序推进实施城市更新行动①。促进城市的产业升级转型、社会民生发展、空间品质提升、功能结构优化以及土地集约利用更是当前城市更新的重要内容和目标。可以说,中国城市更新政策已经从单纯的物质空间改造转向社会、产业、文化等内涵更丰富的有机、综合型改造。

4. 小结

当前,国家经济和社会发展进入新的阶段,回顾农业、工业文明发展历程,国家审时度势地提出生态文明发展的大导向,乡村振兴战略也成为这一文明建设过程中的一个实施性战略,而目前的绿中村改造还没有一套成熟的解决途径,在这种新的政策导向和发展背景下,绿中村同时又具备生态资源禀赋、乡村特殊属性等要素,应该成为国家推进生态文明建设和实施乡村振兴战略的重要抓手和支点。所以,绿中村改造应该积极对接以上政策,更注重绿中村改造工作的综合效益,不仅仅只关注土地开发的经济利益和物质空间增加,更要注重村庄未来产业优化升级、生态环境保护、人居环境改善、乡土文化传承等其他多方主体利益诉求,保护生态环境,立足生态发展,实现村庄全面振兴,为我国生态文明发展和建设作出积极贡献。

---

① 中华人民共和国住房和城乡建设部. 住房和城乡建设部关于在实施城市更新行动中防止大拆大建问题的通知[EB/OL]. 2021-08-30. http://219.142.101.111/gongkai/fdzdgknr/zfhcxjsbwj/202108/20210831_761887.html.

五、经济思考

1. 在国家预防重大经济风险的环境下，经济发展转型

2018年之前，传统房地产、互联网金融行业是国内经济发展的强劲动力之一，但在2018~2019年中央防范化解重大风险的过程中，国家愈加强调抵御和预防重大经济风险运行的能力，传统房地产、互联网金融行业迅速下行，所有高风险、高杠杆的投资几乎均出现了全面亏损，社会资本投资更加谨慎保守。

回顾2017、2018两年的中央经济工作会议精神发现（表3-8），2017年国家对于经济形势的研判主要集中在预防金融经济风险上，强调维持国家预防系统性金融风险的能力；2018年中央对国内经济形势的判断是经过一年的供给侧改革，国内已经具备了化解系统性金融风险的能力，经济的稳定发展成为当年经济工作的重心。相关研究认为，我国经济工作可以用三个关键词来概括（图3-19）：一是"金融风险"，把防控金融风险放在更加重要的位置；二是"房地产调控"，坚持"房子是用来住的，不是用来炒的"的行业定位，采取果断措施抑制房地产泡沫的继续扩大；三是"三去、一降、一补"，推动去产能、去库存、去杠杆，在降低要素成本上加大工作力度，补全发展和制度的短板。

在国家去杠杆化的经济政策导向下，原来依靠资本化、高杠杆、快周期的开发模式已经不可持续，建设投资需要稳健地转向推动城市可持续发展和高质量发展领域。

2017~2018年中央经济工作会议精神　　　　表3-8

年份	中央经济工作会议精神
2017年	以推进供给侧结构性改革为主线，适度扩大总需求，坚定推进改革，妥善应对风险挑战，引导形成良好社会预期，经济社会保持平稳健康发展
	下决心处置一批风险点，确保不发生系统性金融风险，稳妥推进财税和金融体制改革
	实体经济：提高供给质量，扩大高质量产品和服务供给，发扬"工匠精神"，增强产品竞争力

续表

年份	中央经济工作会议精神
2018年	"六个稳"：进一步稳就业、稳金融、稳外贸、稳外资、稳投资、稳预期，提振市场信心，增强人民群众获得感、幸福感、安全感，保持经济持续健康发展和社会大局稳定
	"八字方针"：会议认为，必须坚持以供给侧结构性改革为主线不动摇，更多采取改革的办法，更多运用市场化、法治化手段，在"巩固、增强、提升、畅通"八个字上下功夫

图3-19　当前国内经济工作的关键词

资料来源：一图看懂2016年中央经济工作会议"新要求"［EB/OL］．2016-12-19．http://house.
people.com.cn/nl/2016/1219/c164220-28958475.html

2. 城市资本和消费力出现向乡村转移的趋势

在目前国内传统房地产行业和城市互联网金融发展下行，同时国家政策积极支持惠农、三农、乡村振兴的大环境下，可以预见城市中剩余资本的投资方向将会逐渐向广大乡村地区倾斜，乡村将会逐渐成为城市资金的投资"蓄水池"，传统地产类资本和互联网资本势必会尝试在乡村区域探索新的发展商机。许多研究表明，"资本下乡"是农村经济社会持续协调发展的一个不可或缺的条件，是进行"城市反哺农村"和"工业反哺农业"解决三农问题的"治本之方"，因为资本是现代工业社会最具有决定意义的生产要素。目前，城乡最好的经济关系就是城市资本需要新的施展空间，乡村区域依赖外部资本的投入支持。

此外，城市消费方式和观念也面临升级：短途周边游、乡村体验游、生态田园游成为城市居民周末消费的新方式[1],[2]。数据显示，与2013年相

① 郭焕成，韩非. 中国乡村旅游发展综述［J］. 地理科学进展，2010，29（12）：1597-1605.
② 周玲强，黄祖辉. 我国乡村旅游可持续发展问题与对策研究［J］. 经济地理，2004（4）：572-576.

比，2014年国内周末出游在线预订规模有近5倍增长，自助出游以周边为主，有一定的外延。100km以内，大约2小时车程的范围是城市游客的首选游玩目的地。游客出游的规划性降低，临时性增加；短、平、快的预订方式成为主流，当天预订出游的占比50%，每周都出游的占比23%，每两周一次出游的占比43%，周末游、短途游已渐成高频率的消费方式；客单消费金额增长60%，从单门票逐渐转变为多产品形态预订。

这些新变化都表明都市人越来越渴求理想化的田园牧歌式生活，上三代都是农民出身的城市人更是有大量的乡村消费诉求，他们需要一个跟城市社会基本并轨的乡村文明，乡村近郊旅游使得城市居民从快节奏的城市环境中解脱出来，可以享受乡村生活的悠闲宁静。在这种城市消费力的推动下，乡村区域的农业经济也获得了长足发展。据不完全统计，截至2010年，全国休闲农业和乡村旅游景区就有1万多个，其中国家级农业旅游示范点近360个，农家乐150万家，直接从业农民400多万人，年接待游客4亿人次，年收入达3000亿元，其中农民直接获益1200亿元[①]。截至2019年底，休闲农业与乡村旅游经营单位超过290万家，全国休闲农庄、观光农园等各类休闲农业经营主体达到30多万家，7300多家农民合作社进军休闲农业和乡村旅游。休闲农业接待游客32亿人次，营业收入超过8500亿元[②]。

3. 丰富的乡村新经济业态持续带动乡村发展

过去几年，我国农村发展进程中乡村新经济已经发挥了重要作用。例如，以电商为重要载体之一的新零售产业，已经深刻改变了农产品的销售方式，使得一些偏远地区特色农产品打破了地域限制，产品售卖到全国甚至全球，为推动当地农民产业升级发挥了重要作用。在农业生产上，随着城乡资源的不断融合，订单式农业、观光式农业等新型业态加快发展，极大地丰富了种植—销售的传统业态，拉升了农业的产业链。新业态层出不穷，通过线上线下、虚拟实体有机结合等多种途径，催生出共享农业、体验农业、创意农业、中央厨房、农商直供、个人订制等大量新业态。人民网相关报道称，2019年以来各地以实施乡村振兴战略为总抓手，积极培育

---

① 郭焕成. 我国休闲农业发展的意义、态势与前景［J］. 中国农业资源与区划，2010，31（1）：39-42.
② 一文带你了解2020年中国休闲农业和乡村旅游行业市场现状、竞争格局及发展前景［EB/OL］. https://finance.eastmoney.com/a/202103041830626036.html.

农村新产业、新业态、新模式,农产品加工业保持稳中增效,休闲农业和乡村旅游、农村电商持续快速发展,成为农村经济发展的新动能。2018年1~6月,规模以上农产品加工业实现主营业务收入7.8万亿元,同比增长6.1%;实现利润总额5000多亿元,同比增长7.4%[1]。休闲农业和乡村旅游持续火爆,2019年1~6月休闲农业和乡村旅游接待16亿人次,实现营业收入4200亿元,同比增长15%。全国农村网商超过980万家,带动就业人口超过2800万。

4. 乡村新经济需要新资本和市场的加入

除了城市经济有着自身的发展需求外,乡村经济也呈现出新的发展诉求。

第一,近年来乡村区域发展过程中集聚产生的大量财富资本没有发挥资本投资力量的空间,最后只能通过购买周边小城镇中的房产进入毫无价值的小地产经济中,这是农村资本和农村带头能人的极大浪费。正确引导乡村社会沉积的财富资源留在乡村区域进行本地化再投资,鼓励资本参与乡村可持续经济产业的构建,比如旅游、民宿等对乡村生态和环境影响小的产业,同时,需要警惕"新圈地运动"对乡村的破坏,不鼓励在农村搞地产开发。

第二,乡村区域还有生产力升级带来的新机遇和自身集体发展的需求。《日本经济新闻》援引一家美国投资公司的数据称,2017年,中国的农业和食品初创企业共获得18亿美元融资,农业和食品初创企业的高增长性备受期待[2]。中国大型企业不仅投资初创企业,也直接进入这一市场,这些现象足以说明中国现代农业的市场潜力正在逐渐受到资本的认可。自"三农"政策被提出以来,我国一直致力于大力发展现代农业,用新技术打造绿色农产品供应链,打通供应端和消费端流通渠道,建立从田间到家庭餐桌的农产品监控体系,平衡供给端和消费端需求,优化供应链条。国际市场中,水果、鱼类、粮食等农产品贸易全球化的趋势更加明显,同样,国

---

① 中华人民共和国农业农村部. 农村新产业新业态持续快速发展. [EB/OL]. 2018-07-13. http://www.moa.gov.cn/xw/zwdt/201807/t20180713_6154050.htm.
② 贾平凡. 农业将成中国经济发展新引擎 [EB/OL]. 2019-03-25. http://paper.people.com.cn/rmrbhwb/html/2019-03/25/content_1915694.htm.

内三大电商平台都在重金打造物流系统与供应链升级。可以预见的是，在不久的未来，中国有优势的农业经济都会成为新的经济引擎，产业链上下游均会诞生出来很多机会。

5. 城乡经济融合发展新关系正在形成

回顾近几十年来城市与乡村的经济关系，大体经历了从单向互动到乡村激活再到城乡经济互动、融合发展的过程。第一阶段，乡村是牺牲自身为城市被动提供原始产品，乡村一直处于缓慢发展的状态，城市给予乡村的回馈仅局限于简单、机械的"喂养"式，这一阶段城乡经济关系是单向互动的关系；第二阶段，城市通过投资和消费两种渠道，向乡村区域提供持续的资金和市场发展空间，乡村经济和生产力得到大幅度提升，这一阶段，乡村的新经济业态被激活；在未来，城乡经济关系还会发展到第三阶段，随着城乡经济的互动增加和持续融合，乡村可以主动回应城市经济、功能、消费的需求，城市与乡村的双向互动逐渐建立起来（图3-20）。从以上过程可以看出，城乡经济有机融合发展是未来城市和乡村区域关系的大趋势。中国经济也需要激活乡村经济，实现城乡关系从单向"喂养"到双向互动的转变。中国经济需要点燃乡村的"燃料包"，事实上，如果乡村经济不被激活，城市只能单向反哺乡村，而"喂养"从来不是激活乡村经济的有效方式。

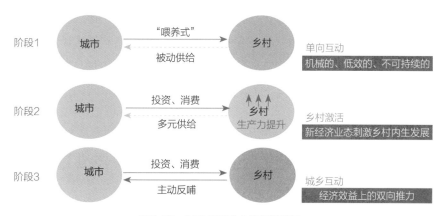

图3-20　城乡经济融合发展新关系

六、资源思考

1. 绿中村改造的资源依托

　　传统的城中村与绿中村改造所能够依赖的资源都是土地资源，相比于传统城中村改造对经营性用地资源的依赖，绿中村改造则需要寻求将生态控制用地转化为改造可利用资源（图3-21）。由于生态控制用地的用途管制，绿中村改造不能像传统城中村改造一样，难以通过房地产开发实现内部经济平衡，在传统的城中村改造视角下，绿中村不具备房地产开发的土地资源优势。

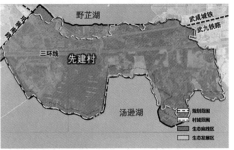

图3-21　武汉市洪山区先建村改造用地情况

　　此外，相比于传统城中村改造的土地区位经济价值高、经营性用地充足、基础设施完善、中心区位优势明显、生活模式和空间面貌现代化的特点，绿中村虽然有处于城区边缘、经营性开发用地稀少、基础设施和内部交通不完善的劣势，但也具有城乡生活交融、生态田园和城市风貌兼具、比远郊农村更紧邻城区的区位交通等优势（表3-9）。绿中村改造的关键是要在以上方面做到扬长补短，释放其所具备的资源潜力。

传统的城中村与绿中村的资源条件对比　　　　表3-9

项目	传统的城中村	绿中村
区位特征	一般位于中心城区	处于城市郊区地带或者城市中心城区的边缘
土地属性	经营性用地为主	生态用地为主
基础设施	给水、排水等基础设施得到极大改善	基础设施改善方面较为缓慢，一些村庄甚至还没有通燃气和自来水

续表

项目	传统的城中村	绿中村
交通条件	直接对接城市综合交通系统，内外交通条件便利	微循环道路和道路系统性上存在较大缺口，尤其是对外交通不便
生活模式	走向"城市居民化"，工作和生活方式与城市居民没有什么本质差异	城郊生活方式结合，在保持少量农业种植的基础上，留住了一部分乡村田园的生活气息
文化形态	城市文化	乡村民俗与城市文化交织
周边面貌	高层建筑林立，城市现代风貌	山水环抱的田园生态风貌

2. 绿中村资源潜力的价值转换

在生态文明建设、乡村振兴的政策导向下和城乡经济融合发展下，人们对绿中村自身资源价值的认识也在发生变化。绿中村特殊的多重资源可以通过因势利导进行潜力价值的释放，有力支撑绿中村改造。在其改造规划过程中，可以利用绿中村处于城乡交界的区位优势，通过提升滨水自然风光和城乡美丽建筑风貌，改善乡村居住与生态环境等方式，承接吸收主城与副城外溢居住、休闲、生态功能；还可以利用乡村特有生态、乡土文化资源优化丰富城市功能，契合生态控制要求，通过低密度的城市功能准入，发展乡村新型经济，落实城市生态格局，提供发展城市服务功能所需空间资源，实现城市生态和综合服务功能的融合发展，完善城市公园与生态游憩功能，丰富乡村区域的城市功能。总的来说，绿中村资源价值转换利用方式主要有以下四个方面（表3-10）。

绿中村资源依托及其利用方式　　　　　表3-10

资源依托	利用方式
丰富的生态环境资源禀赋	发展生态新经济业态
城乡近郊、边界地带	发展城郊区旅游的最佳区位
乡村、乡土文化资源	发展乡村体验式旅游的重要资源
科技力量、生态发展思维	引导传统产业向生态型、科技型产业转型

一是绿中村处于城市和乡村边界地带，是发展城郊周末近郊旅游的最佳区间，未来可将其打造为城市周边一个规模性、系统性的绿中村城郊旅游带，成为城市休闲功能的重要补充。

二是丰富的生态环境资源禀赋是发展生态旅游、乡村旅游的最佳资源,使绿中村成为城市居民向往乡村田园生活的最佳场所。这不仅仅颠覆了传统房地产开发的旧模式,还与当前国家强调"高质量发展"观念高度一致。

三是强调科技投入的生态发展观念深入人心,成为乡村传统的第一、二产业转型发展的有利时机。绿中村有着扎实的一、二产业基础,需要技术赋能实现产业升级转型,积极培育绿中村自己的科技产业和生态产业。

四是丰富多样的传统乡村文化资源可以成为未来城市居民体验乡村文化旅游的最佳题材。乡村文化中蕴藏着巨大的潜在能量,通过构建公共空间、文化艺术、文化延伸产业的良性互动关系,可给予城市更新充足的驱动力。它在提升城市形象、促进文化旅游、吸引多元投资、留住高素质人才方面能发挥积极作用,可有效应对城市衰落带来的经济、社会、文化危机。

七、规划思考

中国历经多年的增量发展,扩张型的城市开发在推动经济发展的同时,也显现出一些交通、社会、生态等城市问题,与国外发达城市快速建设阶段所面临的城市问题极其相似。面对环境恶化、人地冲突、社会结构失衡等诸多问题,这些城市在实践中产生了诸多经典的现代城市规划理论。回看其现代城市规划的主要思想,结合国内城市规划40年的发展历程,对目前国内的绿中村改造具有重要的借鉴意义。

1. "田园城市"理论

(1)"田园城市"思想与绿中村改造的契合点

埃比尼泽·霍华德的"田园城市"理论是现代城市规划理论的起源[1]。19世纪末,面对欧洲第一次工业革命以来普遍引发的人居环境与社会危机,埃比尼泽·霍华德提出了"田园城市"设想,试图通过乡村环绕城市作为城市绿带、设置城市规模扩张限制、土地归集体所有等方式,建设一种兼有城市和乡村优点的理想城市,达到亲近自然和保持城市发展的平

---

① 吴志强.《百年西方城市规划理论史纲》导论[J]. 城市规划学刊,2000(2):9-18.

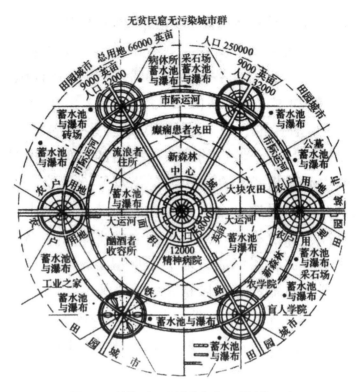

图3-22　埃比尼泽·霍华德的"田园城市"理论
资料来源：埃比尼泽·霍华德. 明日的田园城市［M］. 商务印书馆，2000.

衡[1]、[2]、[3]。可以说，"田园城市"理论是一种人类对"田园牧歌"朴素情感的表达和向往（图3-22）。

　　通过分析绿中村特征、规划控制要求及发展诉求，"田园城市"理论可为绿中村改造提供有益参照：首先，在对待乡村态度上，"田园城市"主张疏散城市中心的人口规模，鼓励居民返回乡村，这与当前国内出现城市居民"人心思乡"向往自然田园生活的趋势是一致的（图3-23）。其次，在规划目的方面，绿中村产生于为限制城市无序扩张而设置的城市绿化带（城市发展边界）中，产生机制与"田园城市"理论强调限制城市规模的主张是基本一致的。处于城市郊区地带或者城市中心城区边缘的绿中村在区

① 叶冰，李平. 准确理解《明日的田园城市》所体现的思想内涵——评介世界名著《明日的田园城市》［J］. 地域研究与开发，1998，17（2）：93-94.
② 埃比尼泽·霍华德. 明日的田园城市［M］. 北京：商务印书馆，2000.
③ 孙施文. 田园城市思想及其传承［J］. 时代建筑，2011（5）：18-23.

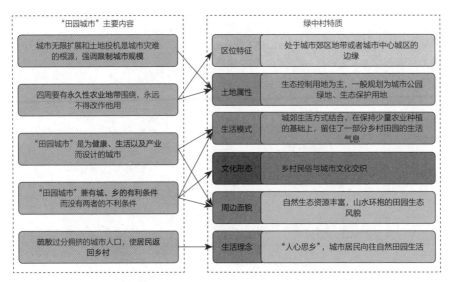

图3-23 "田园城市"内容与绿中村特质的联系

位上也可以成为围绕城市四周的永久性农业地带。最后，在目标导向上，"田园城市"是为健康、生活以及产业而设计的城市，希望兼有城市与乡村生活模式的优点，希望获得城市与乡村融合的、高效的、综合的效益；而绿中村独特的乡村文化形态、周边自然生态风貌以及城郊与城乡结合的生活方式，正是探索"田园城市"模式的最佳素材。

（2）信息化时代下"田园城市"理论的发展

在信息化时代以前，"田园城市"理论一直无法实践成功的根本原因在于它无法在同一区域内实现空间集聚的规模效应和自然分散的环境效应之间的共生关系。埃比尼泽·霍华德进行的诸多实践项目均以失败告终。信息化时代技术的进步，尤其是通信技术的进步，成为解决这一核心问题的最优解。人们意识到依靠即时、远距离等互联网通信手段可以实现一种虚拟的空间集聚，它在创造更多经济发展机会与就业岗位的同时，并不必然引发人类实体建设空间开发密度与强度的提升、聚集。这为"田园城市"的实现提供了一种新的可能。

在这种新的虚拟关系下，以网络联系强度为特征的"中心流"概念开始挑战传统的以等级和距离为特征的"中心地"理论。网络联系的建立使得包括乡村地区在内的各种生活聚落都有机会自由地融入区域范围的生产和消费体系。单体空间的增值潜力不再单纯依赖自身的人口规模、土地规模和经济实力，而更多地取决于其与其他空间的网络信息互通能力，即流空间①的强度。可以说，技术条件的进步和变化正在改变、弱化着乡村经济的聚集方式、程度，未来的绿中村改造可能不再单一地依赖土地的集聚效益，不再需要依靠单一的地产开发模式来实现经济效益兑现、平衡。

（3）"田园城市"理论对绿中村改造的启示

埃比尼泽·霍华德认为"田园城市"的本质是"城"与"乡"的结合体。在城乡关系的处理态度上，"田园城市"理论的精髓是城乡一体化的融合发展，追求城市与乡村在生产、生活、交通等功能上的完美结合和无缝衔接，这启示着绿中村改造工作需要兼顾城市现代服务功能和乡村优质生态环境两者的优点，促成城乡融合关系的成形。同时，埃比尼泽·霍华德实践失败的教训也在提醒着绿中村改造工作要想实现规模效益和环境效益的双优，就必须依靠现代信息化技术摆脱单纯的土地资源空间依赖，重视培育区域互联网的信息化建设，积极改善城乡交通等基础设施，为绿中村发展互联网经济、互联消费购物、远程办公等新经济业态提供必要的基础性条件。

在功能空间分区思想上，参考借鉴"田园城市"理论中通过绿地隔离形成独立发展单元的模式，可将绿中村定位为一种相似的城市生态发展单元。这种城市生态发展单元是一种施行特殊管理的城市用地空间，兼有生态修复保护和经济产业振兴两种复合型功能。一是在生态修复和保护方面，通过限制准入产业和建设活动、开发强度来实现控制城市扩张、保护单元生态环境的目标；二是在经济振兴方面，"'田园城市'是为健康、生活以及产业而设计的城市"强调了田园城市不仅是有山有水有园林的、满足人们健康生活需求的城市，更是一座基于产业发展、满足人们就业需求的城市，发展单元可通过挖掘乡村文化、生态资源价值，发展乡村新经济产业，实现村集体产业升级、村民收入提高、村庄经济振兴。

在改造目标方面，"田园城市"理论中"关注人本身"和"注重城乡融合发展"的思想，昭示了绿中村改造的最终愿景：以绿中村为出发点，通过以上两个方面的改造，在国内有条件的城市培育形成多中心、组团式、网络化的城乡空间布局和人性化、生活化的城市空间结构，既有优美的田园风光，又具有强大的现代化功能，形成"青山抱绿水，城镇嵌田园"的

① 由美国社会学家曼纽尔·卡斯特提出。随着信息技术的发展，人们活动不完全受限于距离，时空观念逐渐从传统意义上的物质场所空间向资金流、技术流、知识流、信息流等要素组成的概念化空间转变，这一概念化的空间统称为流空间。

新型城乡融合格局。

2. 城镇化水平与"人心思乡"趋势

欧美许多发达国家的城市化历程基本遵循了城市化发展的S形曲线（诺瑟姆曲线），在城市经历起步、加速、稳定三个阶段后，许多城市如纽约、伦敦等城市居民在现代交通和信息技术的支撑下，开始追求与自然融合的近郊生活居住环境，市民居住地和工作地在空间上产生分离。

2020年，我国城镇化率已达到63.8%[①]，城镇化进程即将步入稳定发展阶段，国内主要城市也出现了城市居民远离城市喧嚣、追求回归田园的现象。在中国传统的城乡关系认知和理想生活理念中，努力将周围生活环境变得亲近自然、生态宜居，实现"天人合一"是人的一种本能，而日新月异的城市现代文明正在激烈冲击着悠然闲适的传统农耕文明，使得城市居民向往田园和乡村自然生活的愿望更加强烈[②]：快节奏的都市生活给人们带来生活压力与精神负担，越来越多的人向往日出而作、日落而息的乡村田园慢节奏生活，每天欣赏着"采菊东篱下，悠然见南山"的清新田园风光，一股"向往田园、人心思乡"的思想趋势逐渐在全社会形成。例如，城市居民为缓解工作和生活的高压，往往选择在周末或节假日到远郊乡村地区以周末游、乡村游、短途游的方式体验休闲、闲逸的生活方式。网络搜索数据显示，2018年以后，国内主要城市对于乡村旅游的关注度明显上升（图3-24）。北京、上海等城市流行的"5+2"生活方式很好地从侧面印证了这种趋势，即城市居民有5天工作日居住在城市，2天休息日在城郊居住休息。

如果说在城镇化的加速发展阶段，绿中村的城郊区位相比于传统的城中村是一种劣势条件，那么在居民追求回归田园生活方式的阶段，这种劣势则逐渐演变为优势条件。因为绿中村处于城市近郊地区，比远郊乡村更具有发展乡村周末游的优势，是平衡城市集聚发展与乡村发展的过渡衔接空间，这种近郊区位优势将会得到更大的价值彰显。不仅如此，这种区位优势所带动的是其他绿中村周边资源的价值彰显。如小而美的乡村格局、

---

① 住房和城乡建设部. 增加保障性住房供给努力实现全体人民住有所居［EB/OL］. 2021-08-31. http://www.mohurd.gov.cn/jsbfld/202109/t20210901_251389.html.
② 侯丽. 亦城亦乡、非城非乡 田园城市在中国的文化根源与现实启示［J］. 时代建筑, 2011（5）: 40-43.

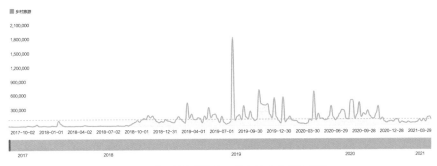

图3-24　"乡村旅游"在网络上的搜索频率统计

传统建筑风貌、自然散布的村庄肌理脉络、乡村田园的生活方式和生态景观风貌迎合了城市居民"5+2"、向往自然的居住需求，绿中村保留下来的乡村历史文化、民俗文化特质成为城市居民"人心思乡"的最佳精神归宿。

3. 国土空间规划中的规划理念转变

在生态文明建设背景下，国家更加重视可持续发展，追求生态、经济、社会协调发展，明确了生态优先前提下实现高质量发展的战略思想，生态保护成为经济、社会发展的基本前提，生态保护的工作被提到了最高等级。同时，经济发展与生态保护并非不可调和的矛盾，两者统一于生态文明建设进程中，经济发展更是生态文明发展理念的基础内核和应有之意，经济高质量发展也是生态文明建设的重要内涵。为更好地统筹生态、经济、社会的发展关系，国家通过将城乡规划、国土规划合二为一，按照"一张蓝图干到底"的国土空间规划体系划定"三区三线"，统筹管理各类生态、经济、社会资源。在国土空间规划逐步深入展开的过程中，建设规划的管理理念和发展方式也发生了很大转变。

（1）从持续开发到生态优先的思维转变

此前的城市建设重视区域的持续性投入、新区开发，试图通过增量空间拉动城市发展。在当前国土空间规划体系下，城乡管理需要以国土空间规划为依据对生态区进行判断，若是处于生态保护红线、永久基本农田保护红线内的生态区用地，要坚持生态底线规划思维，不得逾越底线，杜绝一切破坏性开发活动。

（2）从严格管控到积极引导的发展理念转变

各地政府在强调生态保护工作的同时，也不能以生态保护为借口不作为、无作为，同时需要回答实行生态保护前提下如何实现更好发展的问题。科学、精细划定生态控制区，对不在生态保护红线范围内的绿中村用地，应进一步细化用地管制要求，在符合生态准入的条件下，积极发挥生态空间的经济、社会等综合价值，为城市提供合适的生态发展功能，如健身中心、郊野公园、新型田园农业等。

（3）从整体划区保护到分区分类划定生态实施单元的规划方法转变

当前，诸多城市生态控制区的保护大多是整体性、简单化、单一标准的保护，一些绿中村在生产、生活等方面的基本诉求以及部分地区谋求生态发展的可能性被忽视。国土空间规划体系倡导科学的分区、分类、分级思想，对于生态控制区和绿中村用地，可通过精确的生态敏感性评价、环境适宜性评价等手段，平衡生态与发展的关系，实现用地的分区发展、分类实施、分级管理。国内最典型的案例就是成都市的"产城一体生态单元"[①]规划[②]（图3-25）。基于"世界现代田园城市"的建设目标，成都市提出围绕城郊绿化带建设既有优美的田园风光，又具有现代化功能的35个"产城一体生态单元"，形成"大城小镇镶嵌山水田园"的新型城乡形态[③]。每个单元规模在20～30km^2，人口规模20万～30万，达到"生态与产业复合、人口规模适度、服务配套"的发展目标。国内的绿中村规划可以借鉴这种相对独立的城市生态单元建设模式，兼容生态修复保护和经济发展双重功能，实现"分区分类、分级细化"规划方法在生态控制区绿中村规划中的应用。

图3-25　成都市的产城一体生态单元

① 产城一体单元是实现城市产城一体发展的基本空间引导单元，是在一定的地域范围内，把城市的生产及生产配套、生活及生活配套等功能，按照一定协调的比例，通过有机、低碳、高效的方式组织起来，并能够相对独立承担城市各项职能的地域功能综合体，需要在保障效率、提高活力、完善结构等多方面对城市空间进行优化，主要从职住平衡和通勤效率两方面来确定空间尺度。
② 胡滨，邱建，曾九利，等. 产城一体单元规划方法及其应用——以四川省成都天府新区为例［J］. 城市规划，2013，37（8）：79-83.
③ 张宁. 田园城市理论的内涵演变与实践经验［J］. 现代城市研究，2018（9）：70-76.

八、城村互动关系的再定向

多年的城中村改造给城市带来空间资源、经济增长以及城市建设活动的快速扩张，现如今的绿中村成为解决城市与城中村关系的最后一张拼图，也成为新阶段下优化城乡互动关系的一个维度。在各种内外部环境、政策的影响下，中国现阶段的城乡互动关系需要进一步优化的必要性似乎变得愈加迫切。

1. 新发展要求下的城（绿）中村改造

在国家政策导向下，生态文明建设被提到新的高度，基本路径、建设模式和乡村新的经济业态等内容逐渐明确清晰，为处于生态区内的绿中村生态发展指明了方向；在国内经济形势方面，从国内经济发展形势、城乡经济发展需求两个方面意识到城市、乡村在资本经济关系上的重塑正在发生，城市资本开始流入乡村，支持乡村振兴和新经济发展，乡村也成为城市新的消费市场和投资渠道；从自身优势资源来看，绿中村最大的资源优势是生态环境和乡土文化资源，将成为解决绿中村改造成本平衡及盈利和彰显综合效益的重要因素（图3-26）。

2. 绿中村改造需要作出的价值转变

首先，绿中村改造要实现从解决城中村的单一问题向结合多重问题提升综合价值转变。绿中村规划既要解决物质空间改造、经济平衡问题，还要坚持综合效益导向，积极探索兼顾经济、文化、社会等方面利益的新思路。其次，绿中村改造要坚持生态文明价值导向和乡村振兴战略，将现有乡村、生态问题转变为发展价值。在坚持生态底线规划思维的前提下，要提倡引导式发展的方法，挖掘生态资源价值、乡村文化价值，发展乡村新经济产业和生态绿色产业。最后，绿中村改造要实现城村有机良性互动的新关系。研究认为，通过绿中村改造工作改变这种不和谐关系，形成城市反哺乡村、乡村丰富城市功能的共生融合局面，是绿中村改造的最终目标。

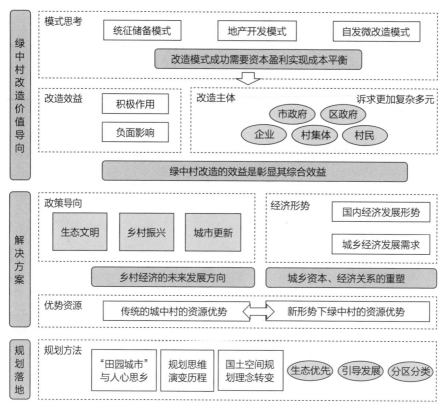

图3-26　新发展要求下的城（绿）中村改造框架

3. 城村新关系——共生融合、有机互动

此前城市与绿中村的关系在经济发展、文化融合、功能互补上存在失衡，属于共生却不和谐的关系。绿中村改造工作实质上就是城村关系的再定向，即从共生不和谐的城村二元关系重塑为和谐、融合的共生城村一体关系（图3-27）。共生融合、有机互动的城村关系主要包括两个方面：一方面，城市通过资金、政策反哺支持绿中村的改造发展，支持绿中村承接主城、副城的外溢功能，发展乡村新经济业态，支持乡村改善居住和生态环境，支持乡村文化的重塑与传承，乡村改造后逐渐成为城市资本投资和消费新场所；另一方面，改造后的乡村将会成为优化、丰富城市功能的区域。绿中村在契合生态控制要求的前提下，通过落实城市生态格局，同时提供公园、生态游憩、乡土体验等城市服务功能的空间资源，实现城市生态和综合服务功能的融合发展。

图3-27　共生融合的城乡关系

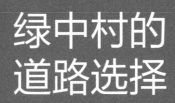

第四章

绿中村的
道路选择

第一节
发展道路选择

一、发展道路的两层含义

基于绿中村内外部影响因素的变化情况，绿中村的将来应选择一条既能彰显绿中村生态及区位优势，又可以提供良好投资发展前景的道路。具体来说，这条道路包括两个方面的内涵。

一方面，这是一条以能够彰显绿中村生态价值和区位优势为内核的道路。绿中村普遍具有良好的山、林、湖、河等外部生态资源，同时还位于城市区域和农业区域之间的边界地带，具有城市和乡村的双重属性，是城市人口及乡村人口相互流动的融合地带。依托以上自然环境要素和区位优势，积极发展相关生态经济业态，最终实现绿中村生态价值和区位优势的彰显。

另一方面，这必须是一条能够提供良好投资发展前景的道路。市场和资本力量具有逐利性，没有利润的产业发展将不会有持续的活力。绿中村改造过程中应该结合国家乡村振兴战略、新经济业态、供给侧改革等政策导向，挖掘更多具有市场吸引力的生态经济业态，培育新型乡村经济业态，充分发挥要素市场化的配置作用，促进要素自主有序流向绿中村改造。值得强调的是，虽然市场具有逐利性，但投资者和企业也需要注意到之前依靠房地产开发"赚快钱、炒热钱"的时代已经过去，企业参与绿中村改造，就需要转变企业盈利的价值观，从"大投入、快速盈利"转向"精细投入、可持续性盈利"。

二、发展道路的价值导向

1. 坚持生态绿色发展的价值导向

当前，国家全力推进生态文明建设，强调生态环境和经济社会发展和谐统一，"立下生态优先规矩，倒逼产业转型升级，实现高质量发展""绿水青山就是金山银山"，把生态环境保护全面融入经济社会发展。利用好绿中村丰富的生态环境资源以及生态发展的区位优势。把绿中村视为正面促进生态控制区内发展的有利因素，实现生态和经济融合并重的高质量发展：在保护生态环境的基础上，主动谋求如何利用好周边优良的生态资源，发展村庄生态经济的新路径，实现高质量的生态发展。

2. 坚持乡村综合发展的价值导向

国家大力推进乡村振兴战略，并相继出台了鼓励社会参与和鼓励农村经济业态一、二、三产业升级及融合发展的支持性文件。绿中村改造工作应充分依靠政策支持，减少改造成本和改造周期。在规划准入的条件下，结合土地政策，盘活村内土地资源，淘汰落后经济，探索村镇内生态经济新业态，解决产业发展和经济收益问题。此外，落实乡村振兴战略"产业兴旺、生态宜居、乡风文明、治理有效、生活富裕"的五个要求，将其作为绿中村改造的综合价值导向。未来的绿中村改造应同步推进物质空间环境改造、产业激活、设施完善、环境整治、文化和社会治理等多方面综合改造工程，实现绿中村集体组织和村民的全方位可持续发展。坚持乡村自身发展的价值导向，就是要求绿中村改造体现乡村经济业态转型升级和可持续的经济发展活力，体现乡村产业、文化、设施、环境等多方面的综合性发展。

3. 坚持城村融合互动的价值导向

我国城市经济投资正在转型，同时国家政策积极支持乡村振兴，城市资本的投资方向逐渐向广大乡村地区倾斜，乡村将会成为城市资金的投资蓄水池。同时，随着城市生活的富裕，城市消费升级，都市人越来越渴求现代化的"田园牧歌",近郊乡村旅游和"互联网+农产品"正在逐渐成为新的消费"风口"。绿中村改造应发挥其地处中心城区边缘而交通便利的区位优势,同时利用外围生态风光和田园乡村交织的别致场景,积极发展近郊旅游和农产品电商等城村融合型产业。

对于绿中村,通过城市的发展功能和新的投资消费需求带动,其空间承接了中心城区外溢的生态和旅游等服务功能,提升其土地利用效益,推动民生、经济、文化的全面发展;对于城市,通过绿中村改造,将形成一种滨水自然风光和城村美丽建筑交融的城边别致风貌,完善了城市公园与生态游憩功能,落实了城市生态格局,并为一些城市公益服务功能提供空间。这种新的城村融合互动关系,对实现区域的长久良性发展将有极大的促进作用。

第二节
改造模式选择

  在绿中村改造过程中，各主体需以社会综合效益为切入点，转变观念以获得可持续发展的内力（图4-1）。主要包括以下三个方面：第一是生态环境效益，要求参与改造的主体更加注重生态与人居环境的营造，提升城市整体环境品质；第二是注重文化价值，注重原乡文化保护与传承，促进城市与乡村优秀文化的和谐融洽发展；第三是注重经济效益观念的转变，各方主体的盈利方式要从"热钱""快钱"向持续长久盈利转变，培育能带动乡村产业持续发展的新业态、新产业，注重片区的长远发展利益。

  在综合效益观念转变的基础上，各改造主体间的利益协调内容应进行根本性转变：市、区政府的利益关注点应聚焦于通过绿中村改造落实城市生态及服务相关功能，并实现城市经济、环境、文化等综合效益的可持续

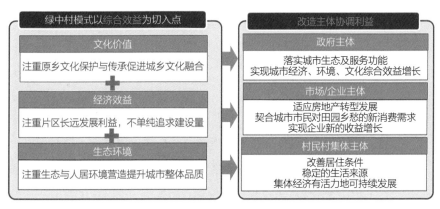

图4-1 绿中村综合效益导向下改造主体利益协调

增长，逐步减少政府对土地财政收入的依赖。市场企业主体的核心利益在于适应房地产转型发展的新趋势，从传统地产开发的买地热潮中摆脱出来，放弃继续赚"热钱""快钱"的盈利模式。将利益关注点放在寻找契合城市市民对田园乡愁的新消费需求，发掘创新绿中村改造环节中新的盈利商机，实现企业新的持续性的收益增长。村集体、村民群体在关注改善居住条件、获得稳定收入来源的基础上，需要放弃通过土地赔偿发家致富的念头，更加关注村庄教育、医疗、卫生、公共交通等服务质量以及村集体经济活力的可持续发展问题。

一、适应绿中村改造的三种模式

根据当前国家生态文明发展、经济转型发展、乡村振兴等政策方针及价值导向，结合绿中村发展现状特征情况，符合当前绿中村生态经济发展与乡村振兴发展道路的改造模式主要有三种选择：第一种是强调生态经济发展的市场企业参与模式。这主要是因为市场资金的进入有利于村庄改造成本的平衡，也有利于充分挖掘生态经济业态，体现村庄生态经济价值，为绿中村提供长久、持续性运营的改造方案。第二种是强调乡村发挥主观能动性，实现乡村振兴的村庄自主微改造模式。村庄自主微改造可以最大限度地体现村民、村集体的发展意图，保障村民个人权益，微改造方式既节约了成本，也避免了大拆大建，在改善人居环境的同时，实现乡村振兴。第三种是传统的统征储备改造模式，可以作为特殊情况下绿中村改造的一种重要补充方式。即当绿中村所处位置处于威胁城市公共安全或者是影响城市整体发展提升的关键区域，有必要对绿中村进行系统、整体、快速搬迁的，建议采用统征储备模式开展改造工作，以发挥政府强有力的主导、组织、领导作用，提高工作推进效率。

1. 市场企业参与改造模式

市场企业参与改造的模式主要是指绿中村在政府引导下，结合国家对乡村振兴、土地流转确权等方面的政策支持，通过出让、出租、合股、流转等多种方式引入市场资本力量，形成以"村企合作+储备平台"为实施主体的平台公司，充分挖掘村庄自然生态资源，在生态控制区内留出复合

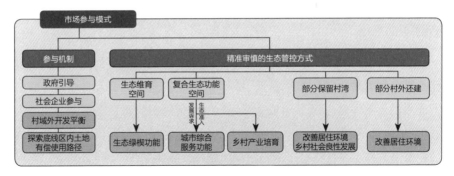

图4-2　市场企业参与改造模式

生态功能空间，植入一些城市综合服务功能，开拓新的乡村与生态经济业态，长效运营推进绿中村的改造工作。村庄改造成本和收益由村集体和企业共同承担及分配（图4-2）。

2. 村庄自主微改造整治模式

村庄自主微改造整治模式主要的实施主体是村集体自身，村集体结合国家相关产业扶持政策，在生态控制区内发展符合农村生产、生活活动的产业，逐步培育生态旅游、乡村体验等产业业态，并对村容村貌进行建筑及人居环境的综合整治，原则上一般不进行大拆大建活动。在乡村经济可持续发展的基础上，满足生态准入的控制要求，实现村集体整体形象的提升和村庄经济的自我"造血"。改造过程中的成本和收益主要由村集体和村民自己分配与承担（图4-3）。

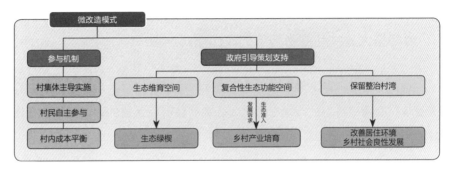

图4-3　村庄自主微改造整治模式

3. 统征储备模式

统征储备模式是传统的城中村改造方式，主要是由市、区政府的土地储备平台对城中村进行征地拆迁工作，进行村民还建以及产业安置工作，拆迁后的土地净地资源用于公益性用地的土地划拨或者用于经营性用地的挂牌出让。对于重大的、紧迫的生态安全与保护修复工程项目，改造成本的支出由政府（储备平台）先行筹集资金开展相关工作（图4-4）。

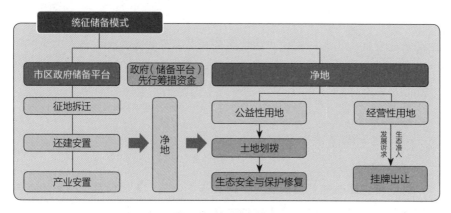

图4-4　统征储备模式

以上三种模式，可以充分对接国家乡村振兴补助资金政策《中央财政衔接推进乡村振兴补助资金管理办法》（财农〔2021〕19号）以及生态补偿财政资金、生态银行①融资等方式，获得国家及地方部分财力补助。

二、不同影响因素下改造模式的选择

1. 城市重大公共利益影响下的改造模式选择

对处于国家、省级重点工程选址范围内或影响城市防洪、地质防灾的关键地段的绿中村，进行绿中村重大公共利益利害关系的评估工作，根据评估结果选择改造模式：如绿中村严重影响城市未来重大公共利益，建议

---

① 生态银行（Eco-bank）是以促进生物和生态事业发展为目的而经营信贷业务的银行，是把筹集的资金投入到其他领域使之增值，然后再投入到生态建设领域作为保障。

选择统征储备模式开展绿中村改造工作。对于城市管理者确定实施的重大公共利益项目，其战略指向明确，在实施推进时间安排上比较紧张，企业和村集体都不具备这样高效的组织执行力，这就需要政府主导下统征储备强大的执行力；如长期内村庄对城市重大公共利益的影响不大，建议结合村庄实际情况选择其他两种改造模式。

2. 自身经济发展水平影响下的改造模式选择

通过调研发现，绿中村之间存在很大的经济发展差异，主要表现在村集体产业和村民收入水平两个方面。

对于村集体产业发展较好的村庄，往往其村民收入也较高，这类村庄积极利用村庄周边生态资源、土地资源，主动探索发展多样化的村集体产业，如田园休闲、旅游观光，产业基础较好，村民个人创业、自主经营的积极性也较高，村民对村庄未来发展有着较高的期许，往往追求更好的文化精神生活和后代接受良好教育的机会，村民主动参与改造整治的积极性也较高。此类经济基础较好的村庄，最适合选择自主改造模式开展绿中村改造工作，既可以充分激活村庄和村民资金的在地化投资使用，又可以与村民主动改善人居环境的意愿、村集体产业发展意图结合起来。例如，对于已经存在一部分旅游观光产业基础的绿中村，结合村庄自主微改造，村庄形象和人居环境改善之后，对村庄内旅游观光业的发展往往会有意想不到的提升效果，自主改造模式可以在这类村庄发挥事半功倍的正面效果。

对于村集体产业发展较差的村庄，其村民收入水平也较低。村集体既没有雄厚的经济实力自主完成改造，村民经济状况还处于谋求生存阶段，也没有强烈的主动寻求高质量发展的意愿。这种情况建议采用市场参与改造模式，借助市场资本进行村庄改造，同时由村集体和企业组成发展平台，与村民一道共谋未来村庄生态发展道路。

3. 周边优势资源影响下的改造模式选择

处于生态控制区内的绿中村，自身可利用的用于规划经营性土地资源极度紧张，传统的城中村依赖土地高强度利用来平衡开发建设成本的基础已经不复存在。在生态文明建设新时代中，绿中村自身最大的优势就是区域内外的生态资源、区位价值及乡村文化资源，绿中村改造工作需要找到一种基于自身生态资源的利益分配及平衡模式，充分发挥其自身的优势条件，将其转变为资本和市场认可的生态经济要素参与到绿中村改造工作中来。换言之，绿中村自身优势资源的丰富程度，决定着市场参与绿中村改造的深度和广度。那些生态、文化、产业优势资源丰富的村庄，市场更认可其价值，对市场资本的吸引力较大。同时，传统房地产开发企业面临经营转型的压力，在面向市场的生态产品开发的过程中具有敏锐的嗅觉，能够充分利用村庄优越的自然资源禀赋，结合城市发展需要、村庄区位价值，找到契合市场需求的盈利点，改造成功的可能性也更大。

三、绿中村改造模式细化分类——以武汉市为例

前文三种绿中村的改造模式，在成本和收益分配方式、改造实施主体、改造内容等方面各有不同。同时，绿中村既有共性也有个性，在具体实施过程中，需要根据每个绿中村不同的实际情况，采用具有针对性的改造模式。以武汉市的绿中村为例，由于泛三环线范围内的绿中村，乃至扩大到更大范围如都市发展区、湖北省乃至全国类似的村庄，每个村庄的特性均不一致，不可一概而论。绿中村的发展应该选择因地制宜、一村一策的发展道路。根据每个村子不同的情况，按照改造模式划分形成绿中村改造类别库（图4-5）。

参照以上三种影响绿中村改造模式选择的主要因素，本部分以武汉市绿中村改造为例展开实证研究，按照各村现状调研情况进行系统评价，因地制宜地找到适合每个村庄的改造模式。

在经济发展水平上，洪山区天兴洲板块的天兴村、江心村、复兴村和汉阳的"七村一场"板块经济表现较差，洪山区先建村、李桥村的经济表现一

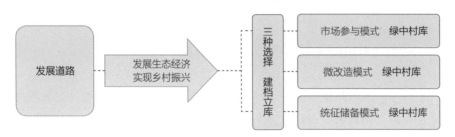

图4-5 绿中村改造模式细化分类思路

般，经济表现最好的绿中村是东湖风景区板块内的绿中村。在绿中村与城市重大公共利益的关系上，天兴洲板块主要是涉及武汉市长江流域的防洪安全问题，先建村、李桥村暂时不涉及城市重大公共利益，东湖风景区板块涉及国家级风景名胜区公共利益，汉阳区的"七村一场"板块的部分村庄用地涉及城市重点建设项目——武汉西站选址范围。在周边资源丰富程度上，东湖风景区板块因为处于国家级生态风景区内，山水环绕，周边的生态文化资源最为丰富。汉阳区"七村一场"板块的生态文化资源较匮乏（图4-6）。

根据绿中村现状基本情况和改造模式的适应情况，对各绿中村分配具体的改造模式。如图4-7所示，东湖风景区的绿中村主要是以自主改造模式为主，部分村庄如风光村按照统征储备模式进行绿中村改造；除涉及武汉西站选址的村庄采用统征储备模式进行改造外，洪山区先建村、李桥村以及"七村一场"板块的绿中村主要是以市场参与改造模式为主；天兴洲板块的三村因涉及城市防洪安全的公共利益，也建议采用统征储备模式进行绿中村改造。

板块	村庄经济				服务设施				社会治理与人文				城市化趋势			发展意愿	
	经济表现	主导经济资源	村民就业	村民收入水平	教育设施	医疗设施	消防安全	养老设施	村庄治理	社会治安	家庭结构	乡村文化	生活水平	资源积累	文化认同	改造拆迁意愿	重点关注问题
天兴洲板块	较差	农业耕作	务农打工	较低	缺少中小学	极度缺乏	缺失	无	维持稳定	较差		衰败		差	无	强烈	拆迁补偿
先建村、李桥村	一般	渔场农业	租赁务农	一般	缺少中学	缺乏	缺失	无	维持稳定	一般	弱伦理的表达性代际关系	衰败	村民的生活方式受城市影响明显	一般	无	强烈	拆迁补偿
东湖风景区	较好	苗圃创业	村内就业	较高	较好	缺乏	缺失	老年活动室	注重经济发展	较好		衰败		较好	无	一般	产业
汉阳"七村一场"	一般	渔场耕作	务农打工	一般	缺少中学	极度缺乏	较好	居家养老	维持稳定	较差		衰败		一般	无	强烈	拆迁补偿

图4-6　武汉市绿中村主要资源禀赋对比

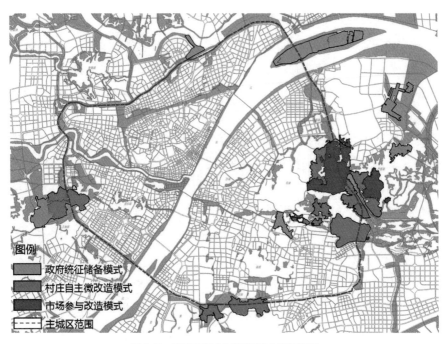

图4-7 武汉市绿中村改造模式分类情况

第三节
绿中村改造在国土空间规划体系中的落位

一、国土空间规划对绿中村改造的关键指引

在国土空间规划体系中，绿中村改造需要明确的空间规划要点主要有三点：第一部分是在坚持生态优先的前提下，明确用地的空间规划边界控制属性，结合生态敏感性评价、资源环境承载能力评价、国土空间开发适宜性评价的结果，尝试对涉及村庄内生态控制区用地进行细化分区。第二部分是坚持集约利用土地资源的原则，在建设用地总量不突破的前提下，对村湾内零散琐碎的用地进行分类集中归并。具体来说就是，处于生态保护红线内的用地，按照国家、省、市生态保护红线管理条例等相关法律执行，其他区的集体用地可采取征收、保留、流转、出让等方式。集中归并后的土地空间，展开后续的土地利用规划调整优化工作。第三部分是以实现城乡互动和绿中村良性发展为目标，积极探索生态控制区的功能准入工作。在生态控制区细化分类之后，按照不同的用地类别植入相关城市功能，生态保护红线区内用地发展生态涵养等相关功能，其他生态区用地可以适当发展乡村振兴、城市公益性（如体育建设、文化）复合功能（图4-8）。

二、绿中村内涉及的生态空间分级

根据国家积极推进国土空间规划"一张蓝图干到底"的工作思路和当

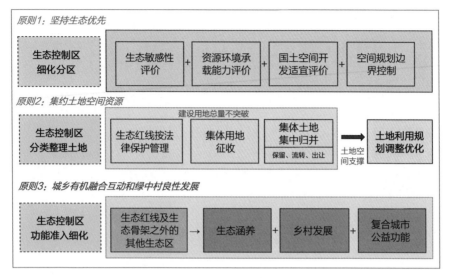

图4-8　国土空间规划体系中绿中村改造的原则

前学术界关于生态空间的相关研究成果,按照"优先保护、协调发展"的原则,绿中村改造过程中有必要将其涉及的生态空间分级分类方法与国土空间体系"三区三线"的分类方法对接起来(图4-9),可采用生态敏感性评价、资源环境承载能力评价、国土空间开发适宜性评价等定量分析方法,将生态控制区划分为自然保护地核心保护区、除核心保护区之外的生态保护红线区、一般生态区三个生态管控等级。通过以上分级管控引导,落实生态保护规划要求,同时实现绿中村的可持续发展。

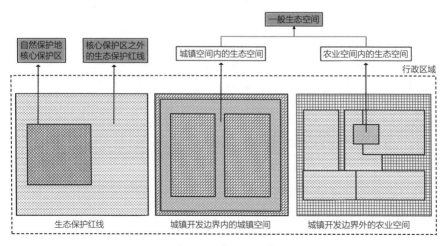

图4-9　国土空间体系"三区三线"的分类方法

1. 自然保护地核心保护区

自然保护地核心保护区是指在生态空间范围内具有特殊重要生态功能、必须强制性严格保护的区域，是保障和维护国家生态安全的底线和生命线。按照《生态保护红线划定指南》（环办生态〔2017〕48号），生态保护红线区通常包括具有重要水源涵养、生物多样性维护、水土保持、防风固沙、海岸生态稳定等功能的生态功能重要区域，以及水土流失、土地沙化、石漠化、盐渍化等生态环境敏感脆弱区域（如水源保护区、风景名胜区、自然保护区、水土流失重点治理及重点监督区、天然湿地、珍稀动植物栖息地等区域），对维持生态平衡、支撑经济社会可持续发展意义重大。

2. 核心保护区之外的生态保护红线区

生态保护红线是我国环境保护的重要制度创新。生态保护红线是指在自然生态服务功能、环境质量安全、自然资源利用等方面，需要实行严格保护的空间边界与管理限值，生态保护红线区域是保障和维护生态安全的临界值和最基本要求，是保护生物多样性、维持关键物种、生态系统存续的最小面积，是具有重要生态功能的生态用地，必须实施严格的生态保护和用途管制，以确保功能不降低、面积不减少、性质不改变。除核心保护区之外的生态保护红线区通常包括大型生态修复工程、应急抢险救灾设施、区域性道路交通设施和市政公用设施用地以及其他对项目选址有特殊要求的建设项目（如军事设施）的用地及其周边一定范围内的生态缓冲用地。

3. 一般生态区

一般生态区是指生态控制区内，除去生态保护红线区之外的限制使用用地，均可划入一般生态区。一般生态区属于相对生态影响较小的生态控制区域，可以是生态底线区内的城市公园、林地草地、城市市政工程、城市公共文化体育设施、村民住宅等用地区域。

三、绿中村内生态空间管控利用

1. 管控与利用

（1）自然保护地核心保护区

绿中村改造涉及自然保护地核心保护区的，对于生态保护红线区内用地，按照国家生态环境保护及土地管理等相关法规进行土地整治和生态修复。生态保护修复工程应按照禁止开发区域管控要求，加大封育力度，因病虫害、外来物种入侵，需要维持主要保护对象的生存环境及森林防火等特殊情况，经批准可以开展重要生态修复工程，以及物种重新引入、增殖放流、病害动植物清理等生态保护修复活动（图4-10）。

（2）核心保护区之外的生态保护红线区

除核心保护区之外的生态保护红线区是生态区内部分用地保持对外一定系统功能性的用地，是城市或更大区域中交通、安全等战略性用地的留白区域，不得安排开发类、商业经营类的用地和产业。需要确保设施建设活动周期内在安全、生态、可控制的范畴内开展，以减少对其他生态用地的干扰。对于生态保护红线区内的生态骨架区用地，涉及准入类工程和建设活动的，按照《中华人民共和国土地管理法》予以征收，严格按规划边界及功能进行实施（图4-10）。区域内的生态保护修复工程应按照禁止开发区域管控要求，尽量减少人为扰动，除必要的地质灾害防治、防洪防护等安全工程和生态廊道建设、重要栖息地恢复和废弃修复工程外，原则上不安排人工工程。

（3）一般生态区

一般生态区是生态区用地中经济要素最为活跃的区域，是生态经济发展的集中区域。在未来规划中，应成为城市中可进入、可参与、可感知、可欣赏、可消费的生态复合利用场景。在实施严格保护的前提下，可以结合当地城市或者乡村的发展需求，安排一部分具有生态发展属性的经济业态。安排的经济业态必须是生态型、无污染的产业，且要控制区域内总体建设量，以减少对生态环境的干扰。

在生态修复方面，根据生态修复工程所在的国土空间类型的不同，可分为以下两种情况。一是涉及农业农村空间内的生态修复工程规划，应注重地形地貌保护、农田农业景观以及国土空间全域综合整治中农业设施建设协调衔接等内容，注重形成具有地域特色的农耕大地景观。结合村庄整治、工矿废弃地治理，维护农田原有生境，保护生物多样性，将耕地、林地、草地整治与建设用地布局优化相结合，打造规模相对集中连片的耕地、草地、湿地、林地等生态系统复合格局。同时，乡村地区需按尊重自然、传承文化、以人为本的理念，加强传统特色建筑风貌引导，保护乡村历史文化遗产；二是涉及城镇空间内的生态修复工程规划，需结合"城市双修""海绵城市"建设，着重解决城市廊道修复、渗水内涝治理、城市内外部生态网络连通等问题。注重生态绿地景观、开敞空间与活动场所布局，注重受损生态空间的修复与地域景观、城市风貌的融合，将生态修复与人的使用相结合，提高生态修复空间的人文属性，激发空间活力。

在生态复合利用方面，一般生态区需按照限制开发区域管控要求，调整优化土地利用结构布局，在建设用地规模不扩大、增减挂钩的前提下，通过土地非征收的方式，对土地进行迁移、合并、集中分区，节约土地治理成本。整理后视发展需要和生态要求，按照《中华人民共和国土地管理法》保留、流转或出让后，安排一定的生态复合型城市功能。同时，可以鼓励探索陆域复合利用方式，发挥一般生态区内生态农业、生态牧业、生态旅游、生态文化等多种功能（图4-10）。

经调研，绿中村内的集体建设用地分布较为零散，为了便于土地空间资源的利用，建议对改造前零碎交错的绿中村建设用地进行分区集中整理，这有利于推动生态环境改善和乡村功能发展。空间资源整合过程中，

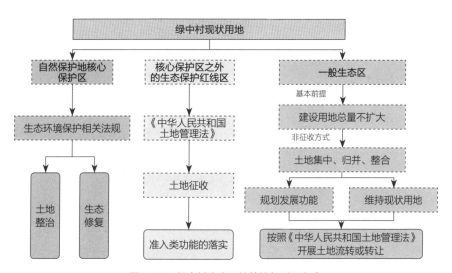

图4-10 绿中村生态用地管控与利用方式

有两个基本前提：第一，空间整合是在生态控制区再分类结果上的局部调整，生态保护红线区的用地规模不得减少，核心区域不得调整；第二，区域内已存有的建筑总量不提高，建设用地规模不扩大。

【案例】武汉市绿中村——先建村、李桥村土地整理

现状村建设用地面积115.44hm²，分布零散，其中李桥村57.93hm²、先建村57.51hm²。在"不突破生态底线控制要求，建设用地规模不扩大、建筑总量不提高"的原则下，对两村建设用地集中、归并、整合，形成两大板块和五个低密度功能组团，建设用地面积89.58hm²，较现状减少25.82hm²（先建村建设用地不变，李桥村建设用地减少）。两村其余用地主要进行公园、生态廊道、全民健身休闲中心等城市服务功能设施建设（图4-11）。

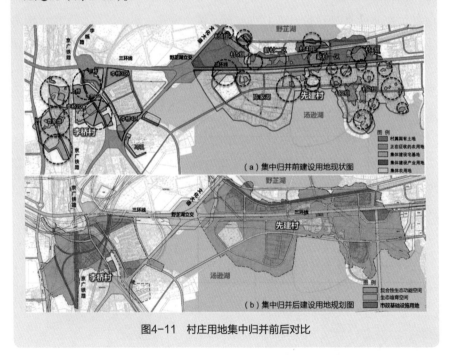

图4-11 村庄用地集中归并前后对比

2. 分区功能准入

不同的生态分区，应该承载不同的准入功能。细化生态区准入功能的工作，其目的是对接城市公益服务功能完善，同时留出绿中村生活和发展空间，进一步集约利用土地资源。

　　结合以上分析，建议分类利用绿中村生态区用地（表4-1）。其中，生态保护红线区的核心保护区按法规严格保护，生态保护红线内，自然保护地核心保护区原则上禁止人为活动，其他区域严格禁止开发性、生产性建设活动，在符合现行法律法规的前提下，除国家重大战略项目外，仅允许对生态功能不造成破坏的有限人为活动，主要包括：零星的原住民在不扩大现有建设用地和耕地规模前提下，修缮生产、生活设施，保留生活必需的少量种植、放牧、捕捞、养殖；因国家重大能源资源安全需要开展的战略性能源资源勘查，公益性自然资源调查和地质勘查；自然资源、生态环境监测和执法（包括水文水资源监测及涉水违法事件的查处等），灾害防治和应急抢险活动；经依法批准进行的非破坏性科学研究观测、标本采集；经依法批准的考古调查发掘和文物保护活动；不破坏生态功能的适度参观旅游和相关的必要公共设施建设；必须且无法避让、符合县级以上国土空间规划的线形基础设施建设、防洪和供水设施建设与运行维护；重要生态修复工程[①]。

分类利用绿中村生态区用地　　　　　　　　表4-1

生态分区	利用方式	主要功能
生态保护红线区的核心保护地	严格保护	水源保护区、风景名胜区、自然保护区、天然湿地、珍稀动植物栖息地、红树林等区域密切影响国民生态安全及经济社会可持续发展的区域
除核心保护区之外的生态保护红线区	征收控制	生态廊道、防护隔离带，严格按规划边界及功能进行实施
一般生态区	生态涵养	郊野公园、森林公园、城市公园等单一生态功能区域
	乡村发展	准入符合规划要求的农村生产生活及配套服务设施
	复合完善城市功能	结合城市公益功能需要，在符合生态准入和规划管控的前提下，以生态保护为主的同时，结合乡村用地和设施复合发展生态科研、文创、体育、休闲旅游等专类公园

　　除核心保护区之外的生态保护红线区征收后严格实施规划功能，利用方式是征收控制，可准入的功能主要是生态廊道、防护隔离带、依法批准的实体建设工程设施等。

---

① 中共中央办公厅 国务院办公厅印发《关于在国土空间规划中统筹划定落实三条控制线的指导意见》[EB/OL]．http://www.gov.cn/zhengce/2019-11/01/content_5447654.htm.

一般生态区按照利用方式分生态涵养、乡村发展和复合城市功能三类进行利用。生态涵养类可准入郊野公园、森林公园、城市公园等单一生态功能区域；乡村发展类区域可准入符合规划要求的农村生产生活及配套服务设施。复合城市功能类区域可以根据城市公益功能需要，在符合生态准入和规划管控的前提下，以生态保护为主的同时，结合乡村用地和设施复合发展生态科研、文创、体育、休闲旅游等专类公园（图4-12）。

图4-12 生态区利用方式的转变升级

第四节
全方位振兴策略

生态控制区内绿中村改造的核心本质是村庄、村民的发展问题，作为一种特殊的乡村形式，按照当前国家重点推行的乡村振兴战略框架，从生态、经济、生活、文化、治理五个方面推进绿中村的全方位振兴（图4-13）。

一、建立完善的生态补偿机制，实施绿中村生态修复工程

党的十八大报告、十九大报告以及《中共中央国务院关于加快推进生态文明建设的意见》和《生态文明体制改革总体方案》等一系列重要文件都明确提出要建立完善的生态补偿机制，将其作为推动我国生态文明建设的重要保障措施。国内生态补偿工作经历部门各自推进、发改部门牵头规划、自然资源部实施推进三个阶段的演变，在工作内容上也产生了四个主要变化：一是补偿理念从过去被动的、单一的生态保护，转变为现阶段主

图4-13 乡村振兴战略框架

动的、生态保护和利用相兼顾的"造血式"补偿；二是补偿模式由完全的政府实施，转变为以政府为主导、企业和社会共同参与，政府实施与市场化运作相结合；三是补偿模式不断扩大，补偿范围逐步扩大到森林、草原、湿地、荒漠、海洋、水流、耕地等重点领域以及禁止开发区域、重点生态功能区等重要区域；四是补偿机制逐步健全，提出了建立健全资源开发补偿、排污权配置、水权配置、碳排放权抵消机制以及生态产业、绿色标识、绿色采购、绿色金融、绿色利益分享等机制（图4-14）。

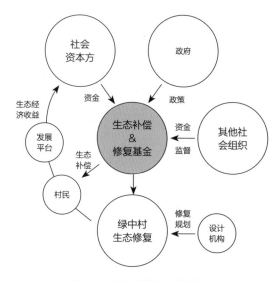

图4-14　绿中村的生态补偿机制

作为一个政策工具，通过生态补偿在生态系统服务提供者和受益者之间建立一种公平有效的社会经济联系，促进生态环境与社会经济之间、不同区域和不同社群之间的协调发展，具体可通过以下步骤建立绿中村"生态银行"补偿机制。

1. 调查绿中村现状生态资源，进行生态资源赋值定价

由各地自然资源主管部门牵头，对绿中村范围内的生态资源进行调查摸底，明确类型、分布、质量、权属等信息，进一步对生态资源进行赋值定价，编制生态补偿与修复专项规划，确定绿中村的区域发展定位，提出各类生态资源的价值评估标准并进行核算定价。

2. 明确绿中村改造中各主体在生态补偿中的权利和义务

根据改造模式的不同，参与绿中村改造的主体在生态补偿中扮演的角色有所不同：行政主体除征储备模式中需要承担生态补偿义务外，在其他模式中主要负责政策支持、组织指导绿中村生态修复与补偿工作；在市场企业参与改造模式下，社会资本方通过参与生态补偿和修复基金融资投资，参与、承担修复和补偿工作，给予资金支持，并在后续生态发展平台中获得利润回报；村庄及村民除在自主微改造模式中需要筹集资金实施生态修复外，在其他模式中还需要协助配合推进生态修复工作，获得生态补偿或者缴纳生态破坏罚款（表4-2）。

绿中村改造中各主体在生态补偿中的权利和义务　　　表4-2

主体	包含主体	工作内容与责任分工
行政主体	市政府、自然资源和规划局、市直相关部门、各区政府	负责生态补偿总体利益的协调与管理。制定市政府、区政府各级规划传导机制，将生态空间建设目标指标层层分解落实
社会资本方	银行金融机构、城市开发建设企业	为生态补偿工作提供必要的资金支持，并获得一定回报
直接利益方	处于生态修复区内的各利益主体，如绿中村村集体、村民、生产单位等	协助配合推进生态修复工作，通过村民还建安置、获得集体产业工作机会等方式获得生态补偿或者缴纳生态破坏罚款

3. 科学确定生态补偿标准

国家、省市的生态补偿标准主要是针对大型生态保护区域，如当前生态补偿标准中国有的国家级公益林平均补偿标准为每年5元/亩，集体和个人所有的国家级公益林补偿标准为每年15元/亩。对于地广人稀的山林地区，人均生态补偿标准处于正常的可接受水平，但是这种补偿标准置于人口稠密的城郊绿中村内，其人均生态补偿标准则处于很低水平。基于现状补偿标准问题，国家层面应提高特殊地区的生态经济补偿标准，建议按照区域的人均补偿标准分区域、分类别确定补偿标准，以调整平衡生态补偿标准。另外，建立奖补结合的生态补偿制度，对个人或组织在国土整治修复项目过程中产生的正外部性[①]，根据土地资源价值、区位以及主要的生态

---

① 亦称"外部经济"。与"负外部性"相反。生产和消费给他人带来收益而受益者不必为此支付的现象。如养蜂人的蜜蜂的活动给果农带来好处，而果农不必为此支付费用。

修复内容、难度，确定各分区的生态补偿标准，进行差异化价值补偿。

4. 搭建"生态银行"平台，组织生态补偿的实施

结合中央预算安排下的重点生态保护、修复治理资金，探索多元融合的投资机制，鼓励政府与银行设立生态基金、发行绿色债券，激发利益相关者与义务人的内生动力，地方政府可以通过如地方财政补贴、税收减免、财政转移支付等非市场途径进行补偿。在进行绿中村改造时，地方政府和村集体可以平衡一部分改造资金用于生态补偿，与社会公益类基金、长期性生态投资等资金一同建立市场化、多元化的生态补偿资金库；进一步建立生态修复的专项资金管理库（图4-15），负责生态资金的筹集、管理、分配，确保生态补偿资金专款专用。基于全周期考核结果，建立专项资金分步支付系统。按照权责一致、分级管理的原则，探索建立定期调查、年度评价、中期评估和终期考核全周期考核评价机制。把生态修复建设任务完成情况与财政转移支付、生态补偿资金安排结合起来，让生态修复考核由"软约束"变成"硬杠杆"。

"生态银行"平台机制的构建需要做到以下四个方面。一是市政府或各区政府牵头，联合社会资本成立绿中村"生态银行"，通过租赁、入股、托管等方式对绿中村区域内的生态资源进行流转和收储。二是打造优质资源

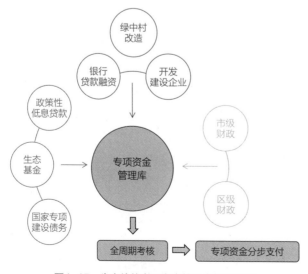

图4-15 生态补偿专项资金的融资管理方式

包。按照专项规划整合地块资源，启动生态修复和整治，开展村庄整治、水体治理、山体复绿、生物多样性恢复，提升生态资源价值和空间环境品质；开展生态产业和品牌策划，进一步提升区域生态和经济价值。三是开展市场交易。将"资产包"委托专业的产业运营商进行管理，引入社会资本进行投资，实现资源变现。四是建设实施和监督管理。"生态银行"平台公司负责监督社会主体的生态补偿行为和生态产业项目建设运营，维护村民利益，保证不出现破坏生态环境的行为。

5. 绿中村改造与生态修复相结合，形成"保护—开发—修复"复合机制

深化基于生态区内及周边区域收益平衡的转移支付制度，形成"生态保护—综合开发—生态修复"三位一体、健康循环的生态补偿系统（图4-16）。在生态保护工作中分享生态经济效益，基于生态环境改善将产生正向溢出效益，带动周边区域的地产开发、文化休闲、科技创新产业等业态发展壮大，可将其中一部分区域发展经济收益用于支持周边区域的生态修复工作。处于生态控制区内的绿中村，其改造工作与生态修复工程密切相关，当地政府、村集体可以结合村庄改造的资金投入开展以下工作：一是生态环境遭破坏的生态保护红线区，建议加快清理和绿化建设；二是有建设活动的生态控制区域应分期实施，逐步置换用地；三是加强品质升级提档和城市生态功能落地，生态保护红线区之外的用地复合城市公园、休闲旅游等功能，实现生态环境的有机合理利用。

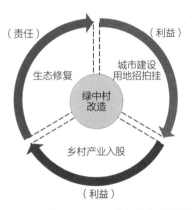

图4-16　"保护—开发—修复"复合机制

此外，由于绿中村生态资源有限，在绿中村范围内难以独立运营"生态银行"，需在更高层面统筹考虑，建立市（区）级"生态银行"，以此为依托实施绿中村项目。同时，进一步完善相关配套政策。绿中村"生态银行"的运行涉及自然资源和规划、发改、财政、生态环境、园林、水务、农业农村等多个部门，目前相关配套政策较为缺乏，在实施过程中还需各部门加强协作、共同推进。

二、融合城乡新经济业态，提高村集体产业活力和村民个人收入

1. 建立城乡资源合作发展的共同体

发挥资本刺激乡村经济发展的催化剂作用，从制度上探索建立股份合作制、农村重要资源入市等相关机制，构建乡村与资本的互信关系。鼓励新经济的相关资本进入农村，在符合规划的前提下盘活农村重要资源，采取多种形式形成农民与投资者的利益共同体，通过建立乡创平台、社会融资平台等方式，与农村合作社多方协同，参与乡村振兴工作。立足于绿中村生态和乡村农产品、文化、手工艺等特色资源，通过平台加工、包装、策划，将乡创产品推向消费者，带动乡村新经济发展，村民收入提高。在这种乡村利益共同体的关系下，各方利益得到平衡——乡村、村民获得收入并改善生活环境，社会资本通过乡创平台与村民共建、共享，实现持续营收。此外，资本下乡应该以安农、富农为基本出发点，以保护传统乡村特质为前提，防止城市传统地产模式在乡村地区的照搬、复制、蔓延。

2. 集体产业空间支撑

在绿中村改造过程中，建议地方政府、村集体、企业结合当地有关政策文件，在符合规划用途和强度管控的前提下，积极找寻支持集体产业发展的土地空间支撑，细化农业用地分类，探索适于发展新经济业态的农业用地类型，避免村集体产业陷入"谋划虽好，无地可用"的窘境。积极实现服务业用地和农业用地的协调布局，鼓励生态苗圃、乡村旅游、现代农业等生态经济产业的落地发展。

以武汉市东湖风景区内景中村改造为例，其产业安置政策在结合武汉市既有城中村改造政策（参考东湖风景区景中村改造产业安置政策）的基础上提出。在符合规划用途和强度管控的前提下，集约利用土地资源，支持村庄产业安置。对于经营性建设用地以外的区域，按劳动力人均$80m^2$用地面积进行安置，主要发展林木花圃、游览观赏、农业生产等生态经济用途；对于经营性建设用地内区域，按劳动力人均$160m^2$建筑面积进行安置，主要发展生产、生活功能和乡村旅游配套服务功能等。

3. 集体产业业态升级

在国家支持乡村振兴和经济政策调控趋势下，乡村新经济业态不断丰富、发展、壮大，村集体需要更加灵活多变地选择经济产业发展模式。2019年，《国务院关于促进乡村产业振兴的指导意见》（国发〔2019〕12号）明确提出了"互联网+"现代农业的六个主要产业方向，即乡村新型服务业、特色文化产业、乡村休闲旅游业、现代种植业、乡土农产品、农产品加工流通业，为推进村集体一、二、三产业的新经济业态升级提供了更加明确的信号。

在此背景下，乡村第一产业可从传统的种植业转向发展田园综合体、农业主题公园、休闲农庄、田园小镇、农业研学基地、家庭农场等新农业；第二产业可从简单的农产品加工产业转向发展农产品加工基地、文化创意农园、有机食品主题园、特色工艺培训等产业；第三产业更多地从农家乐旅游转向共享经济与乡村田园观光的融合发展，如休闲乡村旅游、田园康养基地、乡村民宿、农业观光园、市民农庄、共享农庄等新经济业态（图4-17）。最后，根据国务院发展数字乡村的指导精神，需要在此过程中积极探索乡村数字经济新业态。"加快农业农村数字化转型步伐，推进现代信息技术与农业农村各领域各环节深度融合应用，提高农业土地产出率、劳

乡村产业新业态	第一产业	第二产业	第三产业	
	田园综合体 农业主题公园 休闲农庄 田园小镇 农业研学基地 家庭农场	农产品加工基地 文化创意农园 有机食品主题园 特色工艺培训	休闲乡村旅游 田园康养基地 乡村民宿 农业观光园 市民农庄 共享农庄	乡村电商产业园 乡村度假综合体 乡村度假庄园 乡村电子商贸农产品物流基地

图4-17　乡村产业新业态

动生产率和资源利用率。强化农业农村科技创新供给，推动信息化与农业装备、农机作业服务和农机管理融合应用。推进农业生产环境自动监测、生产过程智能管理，探索农业农村大数据管理应用，积极打造科技农业、精准农业、智慧农业。大力培育一批信息化程度高、示范带动作用强的生产经营组织，培育形成一批叫得响、质量优、特色显的农村电商品牌，因地制宜培育创意农业、认养农业、观光农业、都市农业等新业态。"[①]

4. 村民收入与就业改善

与乡村振兴提高村民收入的目的一样，绿中村改造过程中产业的升级发展最终效果是要实现村民的切身利益，改善村民的就业情况，切实提高村民收入水平。绿中村改造在产业兴旺基础上，应从开源、节流两个方面入手提高村民收入和改善就业。

（1）开源——拓宽增收渠道

一是在发展新经济体基础上，村集体产业和乡村新经济产业提供更多就业岗位，探索分股、分红收入渠道。深入推进农村集体产权制度改革，推动资源变资产、资金变股金、农民变股东，盘活农村资源资产，探索农村集体经济新的实现形式和运行机制，增加农民财产性收入。

二是支持有能力的村民返乡创业，形成多层次、多样化的返乡创业新格局。此外，还需要政府、村集体开展大规模的、具有针对性的职业技能培训，提高农民就业本领。

三是鼓励村民参与生态保护修复工作，结合生态修复工程和项目建设，提供更多的村民务工就业岗位，增加田园综合体内的劳动机会，实现生态修复和功能升级、提供就业岗位、改善村民收入水平相结合。

（2）节流——降低生活成本

一是健全绿中村村民医疗卫生、新农村合作医疗等社会保障制度，完善村民改制后居民社会保险缴纳制度。按照"抓重点、补短板、强弱项"的要求，以实现农村基本公共服务从有到好的转变为目标，推进新增教育、医疗卫生等社会事业经费优先向绿中村区域倾斜，推动社会保障制度城乡统筹并

[①] 中央网信办等七部门联合印发《关于开展国家数字乡村试点工作的通知》[EB/OL]. 2020-07-18. http://www.gov.cn/xinwen/2020-07/18/content_5528067.htm.

轨，加快实现城乡基本公共服务均等化，积极促进绿中村居民幼有所育、学有所教、劳有所得、病有所医、老有所养、住有所居、弱有所扶。

二是结合国家"乡村振兴""三农"等扶持政策，对符合发展政策导向的企业、个人实行财政、税收的定向补贴。

三、完善村庄基础设施，提升人居环境品质

乡村空间的振兴需要乡村生活环境的不断改善，实现城市生活方式的导入，消除城市与乡村的边界。具体来说，乡村生活环境的改善主要由村民居住生态环境、村庄基础设施两方面内容组成。其中，村庄基础设施改善是改善村民人居环境、实现乡村振兴的基础条件，村民人居环境品质的改善是基础设施改善的最终落脚点。

1. 完善村庄基础设施

为区域生活提供便利，以通路、通水、通电、通气等方式，实现乡村基础设施服务水平的飞跃式发展，为村庄产业升级发展夯实基础。对于还建和微改造的村庄，其生活方式、治理方式逐渐城市化，建议结合《城市居住区规划设计标准》GB 50180—2018及其他相关规范，按城市社区同等标准，完善教育、养老、医疗、文化、商服等生活服务设施和给水排水、电力电信、燃气、环卫等市政基础设施。

2. 按照生态保护要求提升村庄环境品质

保护村庄良好生态环境是乡村的最大优势和宝贵财富。要推广生态绿色的生产、生活方式和理念，打造人与自然和谐共生的发展新格局。加强农业面源污染防治，强化土壤污染管控和修复，实现农业化学投入品减量化、生产清洁化、废弃物资源化、产业模式生态化。健全以绿色生态为导向的农业政策支持体系，建立市场化、多元化的生态补偿机制。

提升人居环境过程中，需按照"低密度、低强度、生态型"的建设要求开展区域工程建设活动，实现"用地规模减小，建筑总量降低"。要以农村垃圾、污水治理和村容村貌提升为主攻方向，坚持不懈推进农村"厕所

革命",稳步有序推进农村人居环境突出问题治理,努力补齐影响村民生活品质的短板,推进美丽宜居乡村建设。对于特殊的绿中村改造而言,可以通过异地还建、本地自主微改造等方式提升改善村民的居住条件。

四、传承优秀乡土文化,发展文化经济,培育新文化标签

乡村文化是"在特定的乡村地域范围内,人们所创造、孕育、形成的人文环境、行为模式和生活方式的总和"。随着市场因素的干预增多,城市现代文化的社会影响逐渐突破传统城市与乡村的边界渗透到乡村文化环境中,乡村区域的社会结构、价值观念、文化形式均发生了巨大转变,传统的乡土文化面临着瓦解重构的窘境。以上变化同时也弱化了村民对原本熟悉的文化形态和乡土价值的认同感,乡村文化振兴与治理工作的必要性和紧迫性不言而喻。

1. 乡村文化发展类型和参与主体的多元化

根据村庄主导资源类型的不同,乡村文化发展的主体和途径也不同(表4-3)。自然资源型村庄一般按照生态效益优先原则,由政府和村集体参与,通过政府主导、村民生产,形成良好的田园生态乡村人居文化;旅游产业型村庄一般由村集体、政府、企业、游客等主体参与,通过市场、社会、村集体、政策等共同作用,形成旅游市场、文化品牌;文化带动型村庄一般在村集体、企业、政府等主体参与下,形成文化品牌。

在各类型的乡村文化发展中,形成了政府引导、村集体组织、市场资本参与的多元主体协同形式。

乡村文化发展的主体和途径　　表4-3

类型	首要原则	参与主体	途径与目标
自然风光型	生态效益优先	政府、村集体	通过政府主导、村民生产,形成良好的田园生态乡村人居文化
旅游产业型	社会效益、经济效益优先	村集体、政府、企业、游客	通过市场、社会、村民、政策等共同作用,形成旅游市场、文化品牌
文化带动型	社会效益优先	村集体、企业、政府	通过市场、村民、政策等主体共同作用,形成文化品牌

（1）政府引导

政府作为文化治理的顶层设计者与宏观调控者，是乡村社会文化"元治理"的幕后主体，在推动乡土文化的发展进程中需发挥重要指导作用[①]，避免单方面"大水漫灌式"地向乡村社会传递政治性口号；通过引导性软措施，借助乡村宗族等内生性的文化力量，重新配置文化资源，从城市现代文化的语境中重新寻找稳定的乡村社会结构；通过加深村民对社区公共空间的深刻理解，进一步完善乡村文化治理结构以及文化治理体系。

（2）村集体组织

村民长期生活在城郊乡村区域，村集体不仅与村民处于同一个生产、生活空间内，而且村集体管理者自己也是村民出身，生活经历极为相似，村集体与村民长期形成了一种隐形的治理"契约"关系，村集体与村民的经济社会文化生活联系非常紧密。因此，村集体可以成为乡村文化治理的直接组织者。

从当前的乡村振兴行动来看，村集体基层组织在挽救共性日趋消解的乡土文化、培育乡村社区成员的村庄共同体意识及文化认同感等方面发挥着积极作用。基层组织以乡村书院、老年活动中心等为实践载体，以乡土公共性回归为最终目标，在村落地域中日益凸显出乡村文化治理的现代化转型趋势。

（3）市场资本参与

社区文化建设需要找到可持续的发展模式，这要求在其运作机制上有所突破。在社会主义市场化和现代化发展的大趋势下，传统社区文化管理中以资源集中为优势、指令性文化体制为运作框架的内容已经变得不合时宜，可以说全部依赖于政府组织，以行政性、指令性的方式对整个社区文化进行管理的方法已经不适合新时期社区文化建设的发展需要。

在社会主义文化市场日渐成熟的环境中，文化市场相关产业的参与是乡村社区文化领域的发展及乡土文化公共性重建的催化剂。相关文化产业经济在资源配置的市场化运行中渐渐嵌入到文化环境相对稳定的村庄聚落，市场资本的参与可以为经济落后的绿中村带来一部分较有价值的市场收入；社区文化建设引入市场化运作机制后，走市场化运行吸取民间的社

① 袁君刚，李佳琦. 走向文化治理：乡村治理的新转向［J］. 西北农林科技大学学报（社会科学版），2020，20（3）：42-49.

会资金广泛参与进来，在获得文化利益的驱动下，促使整个文化建设大环境健康循环。此外，规范的文化市场秩序成为推动乡村文化资源配置整合进程中的重要前提，绿中村区域内文化产业的发展恰好顺应了村民群体在文化创造中的主动性和主体性特征。在经济利益和规范参与秩序的双重作用下，村民关心本村公共性事务的主人翁意识得以加强，反过来更加有利于进一步重构包容和谐的乡村公共空间及村落文化认同，助力牢固乡村文化治理的社会基础。

2. 文化振兴与治理措施

（1）历史文化环境保护

为保护优秀历史建筑、古村落等有形的物质载体，让优秀的乡村传统文化得到很好的组织、传承和发展，对绿中村村落内传统和现代建筑，应按照民居自用模式、民居自用+经营模式、民居完全经营模式进行划分[①]，以便对村庄内传统建筑进行保护性再利用。这对于绿中村而言可以给村民更多的发展空间，同时较好地利用老建筑的资源，提高村民居住质量和经济收益。此外，配合地方性建筑风貌导则的制定，还可以避免破坏村落整体格局和风貌的建筑出现。

另外，绿中村改造过程中需要重视传统村落中非物质文化遗产的保护性利用，做到整体保护和活化利用的原则。着力保护和发展手工艺、庙会、农节等民间文化，组织开展生产和娱乐竞技等反映农民精神面貌的现代文化活动。一系列保护措施不是孤立地保存每一项遗存而是把它们放在文化体系、历史链条中去认识它的价值，对分散在文化线路中的传统历史文化资源进行整合。

（2）建设公共活动场所，培育文化氛围

在我国乡村传统中，乡村公共活动空间一直是乡村文化的重要空间载体。文化场所空间是一个村落文化活动的核心场所，它不仅是村民重要活动的举办地，更是村民精神空间的象征。在绿中村文化活动场所方面，需要意识到文化空间的重塑是精神文化遗产的一种传承方式，让精神上的文化体验来到相应的物质空间中，形成立体、复合的体验方式，同时，可让

---

① 宋子易. 乡村振兴背景下徽州传统村落保护研究［D］. 合肥：安徽建筑大学，2019.

外部流动人员参与到传统文化活动中并使其得以弘扬。按照国家技术标准在村庄内配建完善的文化活动设施，对传统民居、民俗文化、传统的生活方式和自然环境加以继承、利用，为庙会、村会、族祭、婚丧等传统文化活动以及社交、观影、歌舞等现代文化活动提供空间支持。

（3）文化与新经济业态融合发展

位于城郊地区的绿中村，处于城市与乡村"激烈"交汇的地带，其社会经济发展是不可避免的，乡村文化的发展也应该与时俱进[1]。未来，绿中村可通过文化节日策划、传统文化展览等方式，在新经济业态中培育新的文化标签，盘活传统乡土优秀文化。具体而言，可以结合本地乡村旅游的特点，从古朴村落、乡村美食、乡土文创商品、乡村民俗工艺和乡村农庄（民宿）五大路径，尝试乡土文化与新经济业态融合发展（图4-18）。

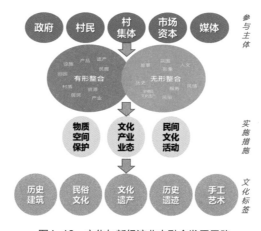

图4-18 文化与新经济业态融合发展思路

五、融合乡村自治与社区治理理念，强化绿中村基层治理能力

1. 核心——农村基层党组织

作为治理主体之一，农村基层党组织是千百万农民与党和政府之间的

——————
[1] 卢志海. 乡村振兴背景下佛山乡村旅游与文化创意产业融合发展路径研究［J］. 经济师，2019（6）:163-164，166

桥梁与纽带，是农业发展、农村进步、农民富裕的领导者、推动者和实践者，是乡村治理的根本力量和治理体系的中心。党的十九大报告指出"加强农村基层基础工作，健全自治、法治、德治相结合的乡村治理体系"，为新时代完善乡村治理体系提供了新思路，更为乡村治理体系和治理能力现代化提出了新要求。习近平总书记更是在新时代党的组织路线中特别强调"基层党组织要引领基层各类组织自觉贯彻党的主张，确保基层治理正确方向"，进一步明确了党的基层组织在实现乡村治理现代化中的核心作用。

村基层党组织需要强化政治引领，发挥党的群众工作优势和党员先锋模范作用，引领基层各类组织自觉贯彻党的主张，确保基层治理正确方向，促进基层协同共治，从而实现乡村治理现代化。扎实推进抓党建、促乡村振兴，突出政治功能，提升组织力，"抓乡促村"，把农村基层党组织打造成坚强战斗堡垒。

2. 关键——完成与城区基层治理无缝衔接

城乡二元结构体制是我国经济和社会发展中存在的一个严重阻碍，体现在城乡管理上，城乡接合部的区域特征是"三交叉"，即城乡地域交叉、农（民）居（民）生活交叉、街乡行政管理交叉。这种交叉对我国现行基层城乡分治的社会管理模式提出了严峻挑战，具体表现为城乡主体职责不明，行政管理难以到位，城市与乡村管理系统、标准不统一，乡村治理自主性、封闭性很大，乡村治理方式落后等问题。

绿中村改制后，乡村单元转变为社区单元，在管理上归为所属城区，对接所属城区基层治理方式成为绿中村治理的关键环节。在人员组织和工作开展方面应该按照城区的标准进行，使相对高水平的城市治理能够切实深入绿中村内部管理系统，去除城乡管理上的二元化。

3. 基础——唤醒居民意识与自治精神

乡村熟人关系是最具有温度与伦理的人际关系，乡村自治的特点是以村为边界，以血缘伦理与熟人关系为中心，不存在村域外自治。其核心是由家谱、宗族形成的社会群系，也形成了特别的社会（政治）关系。充分利用这种自治关系，是提高乡村治理能力的重要内容之一。根据调研，一些改制改居后的村庄虽然已变成社区，村民已成为市民，但这些"村民"并没有产生对市民身份强烈的认同感。身份认同感、归属感是产生社区内部凝聚力的重要精神基础，绿中村社区的发展少不了每一个生活在这里的居民的参与，一个环境整洁、邻里和睦、文化丰富的社区，是所有主人翁共同努力的结果。而随着居民们主人翁意识的增强，大家相互影响、相互鼓励，能使生活的环境也越来越宜居，这就是通过唤醒主人翁意识带动"共建共治"城市治理的最终目的。

因此，社区一方面应通过"润心于无声"的接地气宣传方式加强道德美德培育，加强法制宣传、法律普及工作，形成良好的现代社区文化，在宗族文化的基础上，结合城市现代社区邻里关系，形成和睦的乡村邻里关系；另一方面，社区也要循序渐进的培养村民主人翁意识，发挥村民共建、共治、共享制度优势。

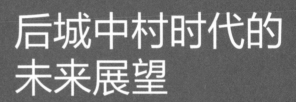

第五章

后城中村时代的
未来展望

展望未来，研究认为绿中村改造发展需要从以下三个维度重新认识其自身价值：一是从国家、城市的发展阶段和城中村改造历程中吸取教训，强调绿中村改造的价值观应从单一的经济价值向经济、文化、社会等综合效益转变；二是从城乡关系演变角度出发，将绿中村置于城乡有机互动、融合发展的关系中理解绿中村的价值；三是从生态文明发展理念出发，强调绿中村自身优势——生态资源的整合发展，实现绿中村从生态问题区到生态价值区的转变。城乡区域的精细化融合发展应该是绿中村改造的终极目标。

第一节　结论

当前，城市与乡村是共生但还不够融合的状态，这体现在城市风貌破败、环境品质落后、社会治理方式半城市化、土地功能和效益孤立又低下等方面，未来的绿中村改造则是要实现城市与乡村共生且融合的状态，最终将孤立、共生的城乡关系转变为有机、良性互动的城乡关系，这应该作为我国未来绿中村改造工作的终极目标。本书在分析田园城市、城镇化水平、城市更新演变等规划研究成果的基础上，提出不仅要解决绿中村改造中物质空间的问题，还要从社会精细化治理、高质量发展、生态文明建设的角度入手，综合解决绿中村的社会文化、城乡经济、生态产业等多方面的问题。绿中村改造不是通过简单的一次性物质补偿解决暂时的经济利益问题，而是要将绿中村改造上升为一个长期性的、关乎可持续发展、精细化发展的社会治理问题，这包括村集体、村民个人、城乡发展等关系的统筹考量和综合解决。

在国家强调高质量发展、生态文明建设的背景下，规划师在绿中村改造实践中更需要运用国土空间规划体系和城市更新政策解决绿中村的物质空间落位问题，更需要运用城市社会学、乡村振兴政策进行微观层面的社会治理体系研究，更需要运用田园城市、城镇化等经典规划理论解读城乡关系和城市发展结构的问题，更需要运用"两山"生态经济理论剖析生态保护和经济发展的协调关系。本书在以上视角下提出绿中村改造的基本路线：首先，绿中村需要明确"一条道路"，即整合自身优势资源，实现生态、城市功能、经济、社会等综合效益，走生态文明与城乡融合的发展道路；其次，还要考虑改造模式上的"三种选择"，根据各绿中村的现实经济状况及优势资源，针对性选择市场参与模式、自主微改造（生态经济平衡）模式、统征储备模式；落实绿中村改造则需要推动生态修复与补偿、经济业态升级、生活质量改善、村庄文化振兴、村庄治理有效五个方面的发展。

第二节　未来展望

一、综合、高质量的乡村振兴示范点

未来，改造后的绿中村可以成为其所在城市区域综合、高质量的乡村振兴示范点。改造后的绿中村通过建设传统手工艺坊传承民俗文化，引入客栈、民宿、温泉养生、旅游度假、乡创基地等乡村旅游服务业，打造以当地传统农耕民俗文化为特色的绿中村。城市居民进入绿中村内度假游憩应该成为城市居民提升生活休闲品质的重要途径，绿中村村民在乡村振兴政策导向下，也可与城市居民一样融入城市发展环境，实现富裕生活、丰富文化和村庄生态经济产业高质量和谐发展。

二、健康、可持续的生态文明实践范本

生态文明建设背景下，绿中村应该成为地方健康、可持续的生态文明实践范本。绿中村可在城市生态游憩功能、生态经济价值、生态涵养维育等方面发挥重要作用，成为生态文明建设的有力实践载体。

未来，一个健康、可持续的绿中村应该是这样的：村集体产业安置向发展生态新经济相关的城市功能靠拢，村民积极参与生态旅游、有机农业、民俗体验、运动休闲等产业，实现灵活就业、自主创业，村民拓宽了增收渠道，村民在守护"绿水青山"的同时，也可以抱回"金山银山"；企业发挥市场资源配置的优势，在生态资源中挖掘出生态经济价值，发展生态休憩、乡村旅游、有机农业等市场，给予绿中村改造更好的融资支持。最终，多元主体通过系统整合"山、水、城、村、景"等绿中村资源，将绿中村塑造为"生态农田集中连片、建设用地集中集聚、空间形态高效节约"的生态经济发展格局。

三、良性互动的城乡融合发展地带

从城镇结构和城乡关系上展望未来的绿中村，它应该是一个良性互动的城乡融合发展地带。处于城郊地带的绿中村改造完成后，可以更主动地承接、吸收主城副城外溢功能，获取发展乡村经济、生态经济的内生动力，为城市提供契合的服务产品的同时，乡村对城市的价值便从简单的物质资料供给向更复杂的精神资料供给转变，城乡关系的平等交流逐渐增强；城市此前存在的生态功能缺失、人居品质不高、公共服务设施布局不均等短板问题也可以在绿中村空间中得以弥补完善。这种城乡互动、双赢的融合关系建立在城镇空间构架、城乡结构之上，打破了阻碍城乡各类要素有序流动的壁垒。因此，未来的绿中村改造完全可以成为"城市反哺支持乡村发展、乡村优化丰富城市功能"双向互动的功能地带和新型城镇化下城乡融合发展的重要区域。

可以预见的是，在由农业、生态、城镇"三区"构建的全新国土空间体系中，各城市的中心区和卫星城周边仍会有大量的绿中村存在、生长。政府正逐渐重视绿中村的改造，出台了相应的生态建设和乡村振兴政策予以支持，并加强基层治理；同时，绿中村居民的民生改善需求和发展意识在逐步增强，市场也在积极呼吁资金介入绿中村的发展之中，构筑生态文明下新的城村发展共同体。在优质存量发展的目标下，绿中村应成为生态、乡村环境提升和经济发展转型的空间载体，有机互动城乡、融合生态发展、推动乡村振兴、创新新型经济的绿中村改造对生态文明建设、高质量发展、城乡一体化、乡村振兴有着广泛的实践价值，在未来有着广阔的发展前景。

参考文献

[1] 李培林. 巨变: 村落的终结——都市里的村庄研究 [J]. 中国社会科学, 2002 (1): 168-179.

[2] 李俊夫. 城中村的改造 [M]. 北京: 科学出版社, 2004.

[3] 李纯. 武汉都市发展区基本生态控制线规划实施评估研究 [D]. 武汉: 华中科技大学, 2019.

[4] 罗巧灵, 张明, 詹庆明. 城市基本生态控制区的内涵、研究进展及展望 [J]. 中国园林, 2016, 32 (11): 76-81.

[5] 孙瑶, 马航. 我国城市边缘村落研究综述 [J]. 城市规划, 2017, 41 (1): 95-103.

[6] 吴志强, 李德华. 城市规划原理 [M]. 北京: 中国建筑工业出版社, 2010.

[7] 城镇化水平不断提升城市发展阔步前进——新中国成立70周年经济社会发展成就系列报告之十七 [EB/OL]. 2019-08-15. http://www.stats.gov.cn/tjsj/zxfb/201908/t20190815_1691416.html.

[8] 武汉历史地图集编纂委员会. 武汉市历史地图集 [M]. 北京: 中国地图出版社, 1998.

[9] 武汉市城市规划设计研究院. 武汉城市总体规划 (2009—2020年) [R]. 2009.

[10] 武汉市规划设计有限公司内部信息平台. 武汉市规划一张图.

[11] 张京祥, 夏天慈. 治理现代化目标下国家空间规划体系的变迁与重构 [J]. 自然资源学报, 2019, 34 (10): 2040-2050.

[12] 张京祥, 赵伟. 二元规制环境中城中村发展及其意义的分析 [J]. 城市规划, 2007 (1): 63-67.

[13] 孙瑶, 马航, 邵亦文. 走出社区对基本生态控制线的"邻避"困局——以深圳市基本生态控制线实施为例 [J]. 城市发展研究, 2014, 21 (11): 11-15.

[14] 陈佳佳. 城市生态控制线内村庄更新对策探讨——以深圳市为例 [D]. 重庆: 重庆大学, 2018.

[15] 陆建城, 罗小龙, 张培刚, 等. 产权理论视角下景中村治理困境与优化路径——以西湖风景名胜区为例 [J]. 现代城市研究, 2020 (8): 75-80, 131.

[16] 付丝竹. 生态控制下武汉市城市边缘区村庄适应性发展策略研究 [D]. 武汉:

华中科技大学,2019.

[17] 王纪武,李王鸣. 基于农民发展权城乡交错带生态保护规划研究 [J]. 城市规划,2012,36(12):41-44,76.

[18] 道格·桑德斯. 落脚城市:最后的人类大迁移与我们的未来 [M]. 上海:上海译文出版社,2014.

[19] 林雄斌,马学广,李贵才. 快速城市化下城中村非正规性的形成机制与治理 [J]. 经济地理,2014,34(6):162-168.

[20] 郭文. "空间的生产"内涵、逻辑体系及对中国新型城镇化实践的思考 [J]. 经济地理,2014,34(6):33-39,32.

[21] 黄季焜,刘莹. 农村环境污染情况及影响因素分析——来自全国百村的实证分析 [J]. 管理学报,2010,7(11):1725-1729.

[22] 袁伟. 我国城中村改造模式研究 [J]. 华东经济管理,2010,24(1):60-62,67.

[23] 叶裕民. 特大城市包容性城中村改造理论架构与机制创新——来自北京和广州的考察与思考 [J]. 城市规划,2015,39(8):9-23.

[24] 中国城市规划学会城市更新学术委员会. 赵燕菁:旧城更新的财务平衡 [EB/OL]. 2020-12-21. https://www.sohu.com/a/439673966_275005.

[25] 楼盘网. 昆明楼市供大于求去库存化难 [EB/OL]. 2015-06-15. https://km.loupan.com/html/news/201506/1844993_1.html.

[26] 赵涛,李煜绍,孙蕴山. 当前我国城市更新中的主要问题分析 [J]. 武汉大学学报(工学版),2006(5):80-84.

[27] 何鹤鸣. 旧城更新的政治经济学解析 [D]. 南京:南京大学,2013.

[28] 尹晓颖,闫小培,薛德升. 快速城市化地区"城中村"非正规部门与"城中村"改造——深圳市蔡屋围、渔民村的案例研究 [J]. 现代城市研究,2009(3):44-53.

[29] 周新宏. 城中村问题:形成、存续与改造的经济学分析 [D]. 上海:复旦大学,2007.

[30] 胡毅,张京祥. 中国城市住区更新的解读与重构:走向空间正义的空间生产 [M]. 北京:中国建筑工业出版社,2015.

[31] 方可. 西方城市更新的发展历程及其启示 [J]. 城市规划汇刊,1998(1):59-61.

[32] 董玛力,陈田,王丽艳. 西方城市更新发展历程和政策演变 [J]. 人文地理,2009,24(5):42-46.

[33] 张平宇. 城市再生:我国新型城市化的理论与实践问题 [J]. 城市规划,2004(4):25-30.

[34] 翟斌庆,伍美琴. 城市更新理念与中国城市现实 [J]. 城市规划学刊,2009

（2）：75-82.

［35］邹兵. 由"增量扩张"转向"存量优化"——深圳市城市总体规划转型的动因与路径［J］. 规划师，2013，29（5）：5-10.

［36］吴良镛. 人居环境科学导论［M］. 北京：中国建筑工业出版社，2001.

［37］彭恺. 新马克思主义视角下我国治理型城市更新模式——空间利益主体角色及合作伙伴关系重构［J］. 规划师，2018，34（6）：5-11.

［38］黄皓. 对"城中村"改造的再认识［D］. 上海：同济大学，2006：68.

［39］潘聪林，韦亚平."城中村"研究评述及规划政策建议［J］. 城市规划学刊，2009（2）：96-101，62.

［40］周晓，傅方煜. 由广东省"三旧改造"引发的对城市更新的思考［J］. 现代城市研究，2011，26（8）：82-89.

［41］甘萌雨，保继刚. 旧城中心区城市衰落研究——以广州沿江西区域为例［J］. 人文地理，2007（4）：55-58.

［42］张京祥，胡毅. 基于社会空间正义的转型期中国城市更新批判［J］. 规划师，2012，28（12）：5-9.

［43］田丹婷. 空间政治经济学视角下的城市更新［J］. 知与行，2017，18（1）：24.

［44］陈双，赵万民，胡思润. 人居环境理论视角下的城中村改造规划研究——以武汉市为例［J］. 城市规划，2009（8）：37-42.

［45］贾生华，郑文娟，田传浩. 城中村改造中利益相关者治理的理论与对策［J］. 城市规划，2011（5）：62-68.

［46］黄治. 城中村改造模式与策略研究［D］. 武汉：武汉大学，2013：220.

［47］胡锦涛在中国共产党第十八次全国代表大会上的报告［EB/OL］. 2012-11-17. http://www.xinhuanet.com/18cpcnc/2012-11/17/c_113711665.htm.

［48］阳建强，陈月. 1949—2019年中国城市更新的发展与回顾［J］. 城市规划，2020，44（2）：9-19，31.

［49］中华人民共和国住房和城乡建设部. 住房和城乡建设部关于在实施城市更新行动中防止大拆大建问题的通知［EB/OL］. 2021-08-30. http://219.142.101.111/gongkai/fdzdgknr/zfhcxjsbwj/202108/20210831_761887.html.

［50］一图看懂2016年中央经济工作会议"新要求"［EB/OL］. 2016-12-19. http://house.people.com.cn/nl/2016/1219/c164220-28958475.html.

［51］郭焕成，韩非. 中国乡村旅游发展综述［J］. 地理科学进展，2010，29（12）：1597-1605.

［52］周玲强，黄祖辉. 我国乡村旅游可持续发展问题与对策研究［J］. 经济地理，2004（4）：572-576.

［53］郭焕成. 我国休闲农业发展的意义、态势与前景［J］. 中国农业资源与区划，2010，31（1）：39-42.

［54］中华人民共和国农业农村部. 农村新产业新业态持续快速发展［EB/OL］.
2018-07-13. http://www.moa.gov.cn/xw/zwdt/201807/t20180713_6154050.htm.

［55］贾平凡. 农业将成中国经济发展新引擎［EB/OL］. 2019-03-25. http://paper.
people.com.cn/rmrbhwb/html/2019-03/25/content_1915694.htm.

［56］吴志强.《百年西方城市规划理论史纲》导论［J］. 城市规划学刊, 2000（2）:
9-18.

［57］叶冰, 李平. 准确理解《明日的田园城市》所体现的思想内涵——评介世界名
著《明日的田园城市》［J］. 地域研究与开发, 1998, 17（2）: 93-94.

［58］埃比尼泽·霍华德. 明日的田园城市［M］. 北京: 商务印书馆, 2000.

［59］孙施文. 田园城市思想及其传承［J］. 时代建筑, 2011（5）: 18-23.

［60］住房和城乡建设部: 增加保障性住房供给努力实现全体人民住有所居［EB/
OL］. 2021-08-31. http://www.mohurd.gov.cn/jsbfld/202109/t20210901_251389.html.

［61］侯丽. 亦城亦乡、非城非乡 田园城市在中国的文化根源与现实启示［J］. 时
代建筑, 2011（5）: 40-43.

［62］胡滨, 邱建, 曾九利, 等. 产城一体单元规划方法及其应用——以四川省成都
天府新区为例［J］. 城市规划, 2013, 37（8）: 79-83.

［63］张宁. 田园城市理论的内涵演变与实践经验［J］. 现代城市研究, 2018（9）:
70-76.

［64］中共中央办公厅 国务院办公厅印发《关于在国土空间规划中统筹划定落实
三条控制线的指导意见》［EB/OL］. http://www.gov.cn/zhengce/2019-11/01/
content_5447654.htm.

［65］中央网信办等七部门联合印发《关于开展国家数字乡村试点工作的通知》［EB/
OL］. 2020-07-18. http://www.gov.cn/xinwen/2020-07/18/content_5528067.htm.

［66］袁君刚, 李佳琦. 走向文化治理: 乡村治理的新转向［J］. 西北农林科技大学
学报（社会科学版）, 2020, 20（3）: 42-49.

［67］宋子易. 乡村振兴背景下徽州传统村落保护研究［D］. 合肥: 安徽建筑大学,
2019.

［68］卢志海. 乡村振兴背景下佛山乡村旅游与文化创意产业融合发展路径研究
［J］. 经济师, 2019（6）: 163-164, 166.